Best Time

白 马 时 光

心的解惑

费勇 著

江苏凤凰文艺出版社

图书在版编目（CIP）数据

心的解惑 / 费勇著. — 南京：江苏凤凰文艺出版社，2024.5
ISBN 978-7-5594-8486-4

Ⅰ.①心… Ⅱ.①费… Ⅲ.①成功心理－通俗读物 Ⅳ.①B848.4-49

中国国家版本馆CIP数据核字(2024)第008734号

心的解惑

费勇 著

责任编辑	项雷达
特约策划	何亚娟
特约编辑	梁 霞　柴水水
封面设计	棱角视覺 ANGULAR VISION
出版发行	江苏凤凰文艺出版社
	南京市中央路 165 号，邮编：210009
网　　址	http://www.jswenyi.com
印　　刷	天津融正印刷有限公司
开　　本	880 毫米 ×1230 毫米　1/32
印　　张	10
字　　数	160 千字
版　　次	2024 年 5 月第 1 版
印　　次	2024 年 5 月第 1 次印刷
书　　号	ISBN 978-7-5594-8486-4
定　　价	59.80 元

江苏凤凰文艺版图书凡印刷、装订错误，可向出版社调换，联系电话：025-83280257

找到人生关键问题,
一切迎刃而解。

序 在问题中觉醒

我年轻的时候,有一段时间陷入苦闷,对社会上的各种现象感到失望,甚至愤怒,但又无能为力。对自己未来到底想要做什么,也觉得茫然。有一段时间,我疯狂地阅读,疯狂地思考人生问题,却又不知道真正的问题在哪里。

好像读得越多,想得越多,我的思绪就愈加混乱。直到有一天,因为要写一篇主题为"禅宗与现代诗"的论文,我找到《六祖坛经》来读,读到这一段:"时有二僧论风幡义,一曰风动,一曰幡动,议论不已。惠能进曰:'不是风动,不是幡动,仁者心动。'"我才有豁然开朗的感觉,知道了我要在哪个地方下功夫,知道了真正的问题在哪里。

风没有动,幡也没有动,是你的心在动。

这句话很简单，一下子把我们的关注点拉回到"心"这个原点，同时又指明外界的一切"动"，来源于"心"在动，说明"心"是一个源泉，是一个驱动。这句话给了我深刻的启发——不要把注意力过多地聚焦在外部世界的问题上，而要聚焦在自己的内心；不要在"什么是生活的意义？"这样的问题上钻牛角尖，而要更多地观察自己的内心，弄清楚自己的内心想要什么样的生活；不要在"什么样的工作是有前途的？""要不要出国留学？"这样的问题上去耗费精神，而要先弄清楚"自己到底想要做一个什么样的人？"；不要在"为什么她不爱我了？""为什么这个坏人居然赚到了钱？"这样的问题上去纠缠，而要更多地思考"到底什么是爱？""怎么样让自己过得心安理得？"

一旦找到真正的问题和必须解决的问题，问题本身会带着你前行，带着你一步一步找到解决的方法。

风没有动，幡也没有动，是你的心在动。

这句话引导我不断地把外在的问题转化为内在的问题。这个转化的过程，也让我越来越明白"心"是如何动的。"心"不是一个空洞的概念，而是一个可以让我们去修行的方向，也是一个可以让我们不断去练习的运作架构。"心"不是一个固定的东西，也不是一个主宰性的绝对权威，而是一种在不断变化的运作。

所谓回到内心，意思是首先你要安静下来，不要在外在的对象上找来找去，要回到"身心"这个基本范畴，去观察你的眼睛、鼻子、耳朵、舌头、身体和意识不断和外界产生关系后发生的变化，观察你的情绪是如何产生的，问题是如何产生的，观念是如何产生的，选择是如何产生的，行为是如何产生的。在这样的观察当中，你会越来越了解因果法则，会越来越接近真相，越来越接近"心"的本源，越来越成为一个有觉悟的人。

风没有动，幡也没有动，是你的心在动。

用现在的话来说，就是心智。回到内心，其实就是一种心智练习。

什么是心智呢？

心理学家史蒂芬·平克（Steven Pinker）认为，心智是"一个由若干计算器官所组成的系统，它是我们的祖先在解决生存问题的进程中'自然选择'出来的。心智不是大脑，而是大脑所做的事情，人是心智进化的产物，而不是剃光了毛的'裸猿'"（《心智探奇：人类心智的起源与进化》）。

同样是心理学家的 M. 斯科特·派克（M. Scott Peck）认为：

"心智成长是一条少有人走的路,这是因为大多数的人不愿面对、有意回避这个棘手的难题,自欺欺人地认为自己没有问题。心智是人生一切苦难、情绪、人格、幸福、成功、自由的生命之源。如果逃避心智的问题,外部的成功和自以为的幸福都是短暂易逝的。不解决心智的问题,人就无法获得心灵的自由,苦难和悲剧就成为注定。因为人的生命终究是有限的。"(《少有人走的路:心智成熟的旅程》)

历史学家尤瓦尔·赫拉利(Yuval Harari)把心智问题看作今天世界性的人类议题,科技越发展,心智问题就越重要。他认为:"科学之所以很难解开心智的奥秘,很大程度上是因为缺少有效的工具,包括科学家在内,许多人把心智和大脑混为一谈,但两者其实非常不同。大脑是神经元、突触和生化物组成的实体网络组织;心智则是痛苦、愉快、爱和愤怒等主观体验的流动。生物学家认为是大脑产生了心智,是数十亿神经元的生化反应产生了爱和痛苦之类的体验。但到目前为止,我们仍然无法解释心智是如何从大脑里出现的。"(《今日简史》)尤瓦尔·赫拉利进一步推论,关于心智,很大程度上只能靠个体自己的观察,只有自己最清楚自己的心智。冥想是最有效、最简单的工具。而我们只有透过心智,才能真正了解自己。

生活在这个世界上,我们总在面对各种各样的问题,但人之所以为人,是因为可以透过心智思考问题。在对问题的探索中,我们不一定能够找到答案，但对问题的探索总是能为我们打开新的出口。同时，真正的问题，总是让我们看清生活的真相，看清世间的真相，看清自己的本来面貌。更重要的是，透过心智，可以提出问题，尤其是找到人生的关键问题，自己设定自己人生的方向，过自己想过的生活。

这本书的目的，是想化繁为简，为复杂的人生找出一个头绪来。这个头绪是什么呢？我用了五个板块，来一步一步揭示人生的问题所在。

第一个板块是现实。人的一生，有学习的必要，有工作的必要，有婚姻的必要；人的一生，是财富积聚的过程，也是一个走向死亡的过程；人的一生，总是受到时代的影响，也总是受到道德原则的制约。学习、工作、婚姻、财富、时代、善恶、死亡，构成了一个现实的系统。

第二个板块是愿望。人的一生，之所以不断努力，是因为有愿望。我们总是希望快乐，与快乐相关的是幸福、健康，我们也总是希望取得成功，总是渴望自由，内心也总有对爱的期待。

第三个板块是思维。每一个人对事情的看法都不太一样，每一个人做事的风格也不太一样，这是由不同的思维方式决定的。因果思维，影响我们看到事物之间是如何联系的；事实思维，影响我们如何透过现象看到本质；解决思维，影响我们如何解决问题；取舍思维，影响我们如何选择；"破圈"思维，影响我们如何突破自己的局限。

第四个板块是心理。每一个人每时每刻，都离不开心理活动。我们总是会有各种各样的感觉，总是会产生各种各样的欲望，总是因为欲望的牵引而有了各种各样的目标，因为目标是否实现而产生了各种各样的情绪。为了平衡欲望和情绪，有了意义的追寻，在意义的追寻中，我们会觉知到更深刻的东西，这种东西叫作天理。我们因而会有敬畏感，会有融入无限性的广阔感。

第五个板块是动力。不管宇宙有多么大，不管世界有多么大，其实离不开我们的身心。外在世界的一切，都是身心的投射。想一想，假如没有身体和心智，这个世界会怎么样呢？想一想，我们生活中的一切，每时每刻，都离不开身心的运作。身心构成了一个系统，这个系统，是我们人生的动力系统，却常常被我们忽视了。假如回到身心这个系统，就会明白很多问题的本质是什么，就会发现人生的驱动力在哪里。这个系统由视觉、听觉、嗅觉、味觉、触觉五个硬件和意识、自我、超觉三个软件构成，让我们的身心好像一台电脑那样在运转。

在我看来，人的一生，每时每刻都处于这五个板块里，形成彼此联结的互动系统，如果我们把这五个板块的系统运作规律弄清楚了，就能把控好我们的人生。

本书的最后一部分是问答。这里汇总了一些我针对读者或听众的提问的回答，这些问题都涉及实际生活艰难的一面。我特别感谢提问者，因为这些问题本身给了我启发，尤其使得我这样一个长期在书斋里的人，对现实生活有了感性的理解。更重要的是，这些问题提示我们，在实际生活里，再复杂深奥的理论，也很难解决具体而复杂的问题，所以，我们不仅需要思考，更需要任何时候都保持觉知。

目 录

第一章 现实

学习：我为什么要学习？　　　　　　　003

工作：如何找到自己内心的热爱？　　　012

婚姻：我愿意承担多少责任？　　　　　022

财富：如何成为财富创造者？　　　　　032

时代：当下，我要做什么？　　　　　　038

善恶：如何做一个善良的人？　　　　　045

死亡：如果生命只有一天，我会做什么？　050

第二章　愿望

快乐：如何享受生活？	057
成功：如何成长？	064
自由：如何按自己的意愿过一生？	072
爱：如何去爱？	078

第三章　思维

因果：多问自己"为什么"	085
事实：透过现象看本质	089
解决：培养解决问题的意识	097
取舍：我要选择哪一个？	104
"破圈"：提出大问题	109

第四章 心理	感觉：这是不是错觉？	115
	欲望：是欲望还是需求？	121
	目标：你真正想要的是什么？	126
	情绪：当情绪出现，我该怎么办？	131
	意义：我来到这个世界，有什么意义？	137
	天理：如何顺应天意？	144

第五章 动力	视觉：如何在当下安静地观看？	153
	听觉：如何在当下安静地聆听？	160
	嗅觉：如何在当下安静地感受周围的气味？	167
	味觉：如何在当下安静地品尝？	173
	触觉：如何在当下安静地触摸？	179
	意识：如何觉知到我的意识？	185
	自我：如何找到真正的自我？	193
	超觉：如何唤醒内在的直觉？	204

第六章　人生解惑包

Q1. 很想改变自己的状态，但不知从何做起。　214

Q2. 想找一个对我好的人为什么这么难？　220

Q3. 喜欢的事情太多了，但精力不够，怎么办？　224

Q4. 人类会灭亡吗？　228

Q5. 总是抽不出时间怎么办？　232

Q6. 好心没有好报怎么办？　236

Q7. 哪些好的习惯会让我们的生活更好？　240

Q8. 在绝境中如何找到自我解脱的方法？　244

Q9. 能力有限，怎么帮助自己的亲人？　248

Q10. 放下就是逃避吗？　252

Q11. 教育孩子有什么好的办法？	257
Q12. 如何在尴尬中找到平衡？	261
Q13. 该不该忍耐一位总是控制不住情绪的丈夫？	265
Q14. 对于父母的情绪，怎么应对呢？	268
Q15. 我该不该辞职？	272
Q16. 到底要怎样改变自己？	277
Q17. 怎样和有些负能量的母亲相处并改变她？	283
Q18. 我不知道自己该不该坚持	286
Q19. 朋友和我的三观越来越远，怎么办？	288
Q20. 如何面对亲人的绝症？	291

参考书目   295

跋 用心生活   297

第一章

现实

内心的热爱,也许只是一份理想,也许只是一个小小的爱好,也许只是一种好奇心,也许只是一种坚持……这些微不足道的东西,却赋予了生活无穷的意义和乐趣。如果我们放弃了对于内心这份热爱的追逐和守护,我们的生活也就随之枯萎了。

写在前面

有七个关键词基本涵盖了人的一生所遇到的现实。第一个是学习，学习是一个人之所以能够成长的基础动力，这涉及教育、自我成长等问题；第二个是工作，工作是一个人获得社会身份的主要途径，这涉及谋生、人际关系等问题；第三个是婚姻，婚姻是一个人获得亲密关系的主要途径，这涉及性、爱情、子女、父母等问题；第四个是财富，财富是一个人在世俗意义上最想要获得的东西，这涉及金钱、商业、名利等问题；第五个是时代，时代指的是一个人所处的社会时期，这涉及环境、体制等问题；第六个是善恶，善恶是一个人必须面对的道德原则；第七个是死亡，死亡是一个人最后要面对的必然结局，这涉及健康、信仰等问题。

学习：我为什么要学习？

什么是学习？为什么要学习？

《论语》中的第一句话就揭示了"学习"的内涵，这句话是这样的："学而时习之，不亦说乎？"在早期汉语里，"学习"的"学"字和"教育"的"教"字的含义是相通的。周朝时，金文里"学"字的字形，是房子里有一个小孩，意思是孩子获得知识的场所叫"学"。后来，"学"字有接受教育的意思，凡诵读练习都是"学"。"习"这个汉字，在商代甲骨文里，字形很像一只鸟儿在太阳下飞行，大概意思是鸟儿在练习飞行，又有反复练习而变得熟悉的意思，最后又引申为习惯。关于"学而时习之"中"时习"的场景，有三种说法。第一种说法是，古人在不同的年纪要学习不同的内容，比如，六岁学习识字，七八岁学习简单的礼节，十岁学习写字和计算，十三岁学习歌舞，等等。第二种说法是，不同的季节学习不同的技艺，比如春夏两季学习诗歌和音乐，秋冬两季学习经典、礼仪、射箭、打猎。第三种说法是，在不同的时间做不同的事情，比如，一天当中，有读书的时间，有温习的时间，有游玩的时间，有讨论的时间。

"学而时习之，不亦说乎？"的意思是人应该日复一日、年复一年地坚持学习，这样才会获得内在的充实和内心的快乐。也就是说，学习是一辈子的事情，也是一件让人不断成长的事情。这是孔子讲的学习的本质。

苏格拉底从另外一个角度阐释人应该终身学习的道理，他把学习看成是人这一生必须做的事情。苏格拉底遇见一个年轻人，年轻人问他："怎样才能获得知识？"苏格拉底没有回答，而是把他带到了海边，让他走进海里，让海水淹没自己的头颅，年轻人一下子就憋不住，马上把头探出了水面。苏格拉底问他："你在水里最需要的是什么？"年轻人说："空气，要呼吸新鲜的空气，否则我就要憋死了。"苏格拉底笑了一下："你现在知道该如何获得知识了吗？当你需要知识就像是在水底需要空气时，你准能得到它。"

在苏格拉底看来，我们应该像需要空气那样去学习，知识是人作为人不可或缺的元素，学习是人不可或缺的日常行为，不仅是为了照顾好自己的身体，也是为了滋养自己的灵魂。所以，我们需要终身学习。

那么，学习什么呢？中国古代有六艺的说法，一个人要成为君子，必须学习六个范畴的知识和技能。第一是礼，懂得各种礼节和礼仪；第二是乐，懂得音乐；第三是射，懂得射箭；第四是御，懂得驾车的技术，引申为驾驭、统筹；第五是书，懂得文字，也就是识字，还会书写；第六是数，懂得计算。也有一种说法，六艺指的是，学习六种经典：《易》《书》《诗》《礼》《乐》《春秋》。

古代希腊有"七艺"的说法，认为自由的人应该具备的学识，应该有七种，分别是文法、修辞、逻辑、算术、几何、天文和音乐。前三门被定为初级学科，称"三学"（trivium），后四门被定为高级学科，称"四术"（quadrivium）。

另外，还有一些独特的参照系，可以让我们从多方面理解"学习是什么"。第一个参照系，按照所学的性质，无非两大类，一是道，二是术。道的层面，相当于智慧、思维方式、认知等；术的层面，相当于狭义的知识，比如专业知识、技艺、具体的生活能力等。第二个参照系，按照教育的方式来分类，也无非两类，即从学校教育学到的知识和从学校之外的教育学到的知识。学校之外的教育包括家庭教育和社会教育。第三个参照系，按照传播的方式分类，也无非两种，第一种是以图书为媒介的学习，第二种是以互联网和智能手机为媒介的学习（浏览）。

当今社会，高科技的发展日新月异，互联网、人工智能，大大促进社会生产力的发展，对各行各业产生巨大的影响。学习的内涵也随之发生变化。今时今日,我们应该学习什么呢?第一,孔子和苏格拉底讲的"终身学习"变得异常重要,一个不能终身学习的人,注定会被淘汰;第二,道的层面,非学校教育的学习变得越来越重要,也就是说,自我学习能力变得越来越重要,这几乎是决定你能否过好这一生的必要条件之一;第三,碎片化的传播使得系统的图书阅读变得越来越重要。

投资人纳瓦尔·拉维坎特(Naval Ravikant)有一段话讲得很透彻:"致富最好的技能是成为终身学习者,无论想学什么,你都得找到途径和方法。以前赚钱的模式是读四年大学,拿到学位,在某个专业领域干上三十年。现在不一样了,时代日新月异,必须在九个月内掌握一门新专业,而这专业四年后就过时了。但在专业存在的这三年里,你可以变得很富有。""最好的工作与委任或学位无关。最好的工作是终身学习者在自由市场中的创造性表达。""每天花一小时阅读科学、数学和哲学类书籍,七年内,你可能跻身少数的成功人士之列。""人和人的区别不是受过教育和没有受过教育,而是喜欢阅读和不喜欢阅读。"

关于学习什么,《人类简史》作者尤瓦尔·赫拉利(Yuval Harari)有一个忠告:"无论你现在读什么专业,这些专业知识都很快会过时,所以,你真正要学习的,是自我提升的能力,以及面对变化的心理承受能力。"

归纳起来,今天我们要学习的,无非是四个层面的内容。第一是技能层面，比如富有创意的写作技能在今天变得十分重要，再比如，每当一种新的科技出现，越快掌握操作这种科技的技能，越能获得更多的机会；第二是知识层面，比如掌握关于人工智能的知识；第三是审美层面，拥有一定的审美能力可以使你的生活变得更有诗意，它在高科技的领域中，常常是一种可贵的资源，通过对文学艺术的学习，我们可以提高自身的审美能力；第四是思维层面，这是最根本的层面，决定了你的价值观和生活方式，通过哲学领域的学习，可以提升思维认知。

那么，个人该如何学习呢？基本来说，无非通过以下四种途径。

1. **向经典学习**。凡是穿越了千年时间以上的经典作品，尤其值得我们反复学习，其中一定蕴藏着人类最初和最终的智慧。学习经典，是最有性价比的一件事。当你茫然的时候，不要急着去找别人倾诉，或者寻求别人的意见，不如先安静下来，好好地读一本经典，比如《论语》或《道德经》等，在阅读中，你会渐渐发现你内心的声音。

2. **向大自然学习**。为什么要向大自然学习？著名出版人、《连线》（Wired）杂志创始主编凯文·凯利（Kevin Kelly）在《失控》

一书中说:"人类在创造复杂机械的过程里,一次又一次地回归自然去寻求指引。因此自然绝不仅仅是一个储量丰富的生物学基因库,为我们保存了一些尚未面世的能够救治未来疾患的药物。自然还是一个文化基因库,是一个创意工厂。丛林中的每一个蚁丘中,都隐藏着鲜活的、后工业时代的壮丽蓝图。那些飞鸟鸣虫,那些奇花异草,还有那些从这些生命中汲取了能量的原生态的人类文化,都值得我们去呵护——不为别的,就为那些它们所蕴含着的后现代隐喻。对新生物文明来说,摧毁一片草原,毁掉的不仅仅是一个生物基因库,还毁掉了一座蕴藏着各种启示、洞见和新生物文明模型的宝藏。"

3. 向生活学习。日常生活里的各种事情,无不暗藏着各种预兆和各种玄机。假如我们带着思考去观察,那么,在每天的日常生活中,在各种人际关系里,在各种需要解决的问题里,我们就可以学到很多真切的东西。

4. 向科技学习。今天科技对全人类的影响已经超出了政治和经济所带来的影响。不是政治、经济影响着科技,而是科技影响着政治、经济。只要回顾一下智能手机产生后,我们身边方方面面迅速发生的变化,就足以领会科技创新的意义,也足以明白我们今天对于新科技的了解和学习有多么重要。

这是四种基本的学习途径和方向。当然，"如何学习"这个问题还牵涉到具体的学习方法，有哪些具体的学习方法值得我们借鉴呢？美国工程学教授芭芭拉·奥克利（Barbara Oakley）在《学习之道》一书中提出了七条有关学习方法的要点。

1. 大脑的可塑性。奥克利强调了大脑的可塑性，即大脑具有改变和适应的能力。她提醒读者，任何人都有可能通过正确的学习方法改善自己的能力，无论过去是否有学习困难或认知障碍。

2. 费曼学习方法。奥克利介绍了费曼学习方法，"用输出倒逼输入"，即通过将所学的知识用简单明了的语言解释给别人来加深自己的理解。这种方法迫使学习者以更简单和直观的方式思考，从而加深对知识的理解。纳瓦尔也特别推荐费曼的这种方法，就是把学到的东西，一定要用自己的语言简练地介绍给别人。这样，才能真正掌握和运用自己学到的东西。

3. 刻意练习。奥克利强调了刻意练习的重要性。她提醒读者，只有通过持续和有针对性的练习，才能够真正掌握新的技能或知识。并且，奥克利提供了一些刻意练习的技巧和策略，帮助读者更高效地进行学习。刻意练习，也说明真正的学习，是让自己离开舒适区去挑战一些有难度的事情。这对于个人成长非常重要。

4. 克服拖延症。奥克利详细讨论了拖延症对学习的负面影响,并提供了一些应对拖延症的方法。她建议读者采用番茄工作法(Pomodoro Technique)等时间管理技巧,将学习时间分割成短暂的工作段,以提高专注力和效率。

5. 多元智能。奥克利指出每个人在不同领域都具有不同的智能和天赋。她鼓励读者发现自己的优势,并利用这些优势来学习和解决问题。她提供了一些方法来发现和发展自己的多元智能,例如尝试不同的学习方式,培养兴趣爱好等。

6. 培养好奇心。奥克利认为好奇心是学习的关键。她鼓励读者保持好奇心,勇于提问和探索未知领域。她认为,培养好奇心有助于增加学习的动力和乐趣,并且能够激发创造性思维,提升解决问题的能力。

7. 睡眠与学习。奥克利指出充足的睡眠对于学习和记忆至关重要。她解释了睡眠对大脑功能和学习过程的影响,并提供了一些改善睡眠质量的建议,例如建立规律的睡眠时间和创造良好的睡眠环境。

关于学习方法,以及学习内容,还可以展开很多讨论,但假如不和另外一个问题紧密相连，那么这些讨论往往不过是理论的探讨，有学术意义，而对于个人的成长而言，并没有实质的帮助。另外还有一个什么问题呢？就是：

我为什么要学习？

当我们思考"我为什么要学习？"时，才算抓到了学习的真谛；当我们思考"我为什么要学习？"时，其实是在规划自己的人生，厘清自己对于如何度过这一生的想法。因此，针对这个问题的回答，决定了你人生的厚度和方向。如果你的回答是为了文凭而学习，那么，你的人生基本就被框定在某个行业、某种职业，甚至被框定在某个单位之中；如果你的回答是为了好奇心而学习，那么，你的人生就充满了各种可能性。"我为什么要学习？"是一个必须由你自己去回答的问题，没有人能够帮你回答。但无论如何，人生，往往从"我为什么要学习？"开始。

工作：如何找到自己内心的热爱？

工作到底是什么？

什么是工作呢？汉语里的"工作"一词，据说最早出现在《后汉书》里，是劳动的意思，延展开来，还有工程、操作、做事、制作、手工艺人等意思，另外还有一个重要的意思是职业。

汉语里"职业"的"职"字，《说文解字》里解释为"记微也"，就是记住细微的事物，引申为职责、职位等，意思是你在某一个职位上，就有职责记住一些东西。"职业"的"业"字，《说文解字》里解释为"大版"，就是建造墙壁时用的夹板，引申为次序、创始、事业、职业等。"职"字突出一个人在社会中所处位置的高低和所担当角色的大小，而"业"字包含着对工作类型的区分，指的是"行业"。

英语里早期的"工作"（werken）一词，有提供服务的意思。德语里的"工作"（arbeit）有辛劳、痛苦的含义。英语中的"job"是一个很常见的词，和我们汉语里"工作"的意思差不多，指一般的做事、工作。英文中的"profession"也是工作，但指的是专业技能，而且这个词原来的意思是在大众面前宣扬、宣誓自己的信仰和世界观。"vocation"也是指工作，这个词拉丁文词源是"召唤"，还有一个词"career"也有职业的含义，同时有生涯的含义。

今天我们一说到工作，想到的就是上班，就是朝九晚五。这种工作模式，以及相关的职业概念，起源于工业革命之后。1817年8月，空想社会主义者、现代人事管理之父罗伯特·欧文（Robert Owen）喊出了"八小时工作，八小时休闲，八小时休息"的口号，倡导实行"八小时工作制"。19世纪80年代以后，全世界大多数人的生活，基本上遵循这种模式。

无论什么时代，工作都涉及雇佣关系、报酬等问题，同时，工作意味着被限制，被限制在某一段时间内，某一个组织内，每天做同样的事情。所以，工作给人的感觉往往是压抑的，很多人厌恶工作，但又离不开工作。当我们对工作感到厌倦时，应该问一下自己：为什么要工作？最常见的回答是：为了生计，养活自己，养活家人。如果工作只是为了谋生，那么，不如直截了当地问自己如何谋生。

我用什么方法解决谋生的问题?

当你思考用什么样的方法谋生的时候,你会发现,如果我们把谋生理解成温饱,那么,谋生就很简单,你很容易找到一份活儿,哪怕是乞讨、捡垃圾,都可以养活自己。显然我们理解的谋生不是这个意思,那么,是什么意思呢?文明社会所谓的谋生,不只是解决温饱,还要获得社会地位,获得自我价值。由此可见,工作不只是为了解决温饱的谋生,还是为了获得具有社会地位的一份事业。那么,不如直截了当地问自己如何获得社会的认可。

我如何获得社会的认可?

当你思考用什么样的方法获得社会认可的时候,你会发现,如果我们把社会认可理解成获得尊重,实现自我价值,那么,这比解决温饱要困难得多。

工业革命之后,大多数国家的民众,要想获得社会认可,就必须遵循一个类似的竞争路径。这种竞争甚至从幼儿园就已经开始了,然后延伸到小学,小学毕业后必须进入一所好的初中,然后才有可能进入一所好的高中,进入了好的高中,才有可能进入好的大学,进入了好的大学,才有可能找到好的工作。工作之后,就是为了业绩和晋升奔波,不断地赚钱,然后,买车、供楼,假期去度假，让孩子进名校，为了这些花销，不敢生病，不敢请假，不敢得罪领导，然后，就老了。这大概是现代人工作的一生。

文明社会的基本特点，就是每一个人必须工作，通过工作，人们解决谋生的问题，也要解决社会归属感和自我价值实现的问题。最低目的是解决温饱，最高目的是实现自己的理想。工作是必需的，你无法逃避。因为无法逃避，工作带来了很多心理问题——焦虑、精神分裂，而工作和个人兴趣、价值观的矛盾，无处不在。

习惯性的工作模式让人丧失了一种认知，就是对工作本身目的的认知。工作确实是必需的，但人应该通过工作，成为自己，而不是成为工具。这才是工作的真正目的。另外，习惯性的工作模式，也让人丧失了对工作内涵和形式的觉知，工作确实是无法逃避的，但具体的工作环境，人是可以选择的，尤其是，工作的内涵和形式一直在改变，这为个人的选择带来了巨大的机会。如果没有意识到这样的机会，那么，我们就错过了这个时代馈赠给每一个人的最好的礼物。

工作是必需的，但什么是工作，是可以不断地被重新定义的。于是我们进一步询问自己：

什么样的工作能够让我们感觉到有意义？

这个问题至少有三个意义：第一个意义，提醒我们回到工作的根本目的——要让自己的每一天活得有意义；第二个意义，提醒我们去思考，我们现在所从事的工作、行业，在不久的将来会不会消失；第三个意义，提醒我们，我们的身边已经不知不觉出现了很多新的工作方式。比如，一个人不用上班，在家里就可以完成从前需要一个团队才能完成的工作，工业革命以来形成的那种工作就意味着一辈子依赖某个机构（公司、单位），一辈子依赖某种体制的观念，是不是已经过时了？

凯文·凯利在《5000天后的世界》里讨论AI技术的发展给人类社会带来的变化，其中第一章分析的就是工作上的变化。他首先提到，第三大平台已经出现。第一大平台，是互联网；第二大平台，是社交媒体；第三大平台，是利用AI和算法，"将现实世界全部数字化的镜像世界"。我们可以回顾一下，互联网的出现，带来了什么样的冲击？哪些行业消失了？社交媒体的发达，为个人带来了什么样的机会？有多少人是通过微博、微信、B站等，开启了新的工作模式？社交媒体时代，个人的社会角色变得多元，时间变得越来越能由自己控制，一个公司的财务，可以在视频号带货，也可以去开网约车。在凯文·凯利看来，"选择越多，人们就越容易找到自己真正感兴趣的、擅长的工作，同时越来越容易获得幸福"，"因为科技提供了更多的选择，所以，越来越多的人找到了最适合自己的事情"。

正在到来的镜像世界平台,带给个人在工作上的冲击将是颠覆性的。凯文·凯利特别提到,在镜像世界平台,几百万人可以一起工作,但不需要办公室,也不需要公司这样的组织。前所未有的新的工作方式正在出现。"自由职业者会越来越多。"他说,是时候重新定义工作了。

那么,对于个人而言,在人工智能时代,如何选择工作呢?凯文·凯利没有展开论述。有一位记者在采访著名企业家埃隆·马斯克(Elon Musk)的时候,问了这个问题,埃隆·马斯克沉吟了好一会儿,才慢慢回答:"还是听从自己的内心吧。"

有人在弹幕上打出"老生常谈"四个字。这确实是老生常谈,但在我看来,这是唯一的答案,也是面对人工智能,以及前所未有的不确定性,唯一的出路。归根结底,关于工作引起的所有问题,如果我们想从根本上去解决它们,那么,对于个人而言,真正的出路只有一个:听从自己的内心。听从自己内心的什么呢?我姑且用"热爱"来表示。因此,真正的问题是如何找到自己内心的热爱。

如何找到自己内心的热爱?

一旦你找到你自己内心的热爱,那么,工作的问题就不是什么问题;如果你找不到内心的热爱,那么,无论你做什么,都无所谓，无论你做什么，都会遇到问题。回想起来，我自己的经历，也许可以从侧面讨论到底什么才是自己的热爱。

从小学开始，我就喜欢语文，喜欢阅读经典作品，喜欢写作，因此大学时我毫不犹豫报考了中文系。但入读中文系之后，我发现中文系学的东西大多对于写作没有什么帮助，而对于经典作品的解读，中文系的那一套理论又太僵化、教条。

幸好，那个年代高校的管理相对宽松些，我用大量的时间泡图书馆，阅读各种我喜欢的经典作品和其他感兴趣的书籍，最疯狂的时候，我每天借一本书。我一直梦想着能够把全部时间用来阅读和写作，但问题是，如果这样的话，我怎么养活自己呢？

于是，我报考了研究生，我的想法是，研究生毕业之后，去高校做老师，那时高校教师的时间很自由，我可以兼顾写作。但很快，大学里的考核越来越多，这让我感到困扰。我在高校任教期间，也做过媒体的工作，最后我选择了辞职。辞职之后，写作确实成了我的日常，同时，我也做过和书店相关的一些工作。

写作、阅读经典作品，是我从小时候到现在一直在坚持的事情。但写作和阅读经典作品，对于我来说并不仅仅是业余的兴趣爱好，因为业余的兴趣爱好只是为了快乐，比如，徒步、游泳、烹饪、打牌等，都曾经是我的爱好，但我从未想过这些爱好能够养活我。但写作不同，写作不仅是爱好，同时又是我希望能够养活自己的手段。不过很长一段时间，我没有办法靠写作养活自己，所以，我去做了老师，后来又去做了和媒体相关的工作，这是两个职业，相当于英文里的"job"。就是一份工作，一种雇佣关系，以报酬来衡量你的贡献。同时，这种职业身份，也让我获得了一定的社会名声，拥有了自己的事业，相当于英文里的"career"。

但写作对我来说，显然不是一个"job"，也不是一个"career"，因为即便没有报酬，我也会发自内心地喜欢写作，即便得不到别人的认可，我也会坚持写作，也许，这更像是英文里的"vocation"，是一种召唤，一种来自上天或内心的召唤——没有人逼你，你自己会情不自禁地去做这件事。当我不得不用"job"去养活自己的时候，这个"vocation"帮助我缓解了工作的压力，而且让我总是看到这个世界隐秘的美。当我辞职之后，写作和阅读成了我生活的全部，既有"job"的作用，也有"career"的作用。现在我的感觉是，我的生活是全然一体的，我每天都很忙碌，并不觉得自己是在工作，更不觉得痛苦，只感到时间的飞逝，我应当在每一个当下把想做的事情做好。

写作，阅读经典作品，为什么不是业余爱好，也不是职业或事业，而是热爱呢？因为我自己对生活的期待，对自我的期许，对世界的理解，还有好奇心，都融汇在写作和阅读经典作品的过程之中。这个，就是所谓的热爱吧。如果没有这种热爱，我觉得我很难度过曾经遇到的艰难时刻，也不可能在五十岁的时候，彻底离开在别人看来很成功的事业圈子，辞职，一切重新开始。

前几天，我有一个学生又辞职了，他问我现在哪个行业有发展前景。我说我不知道。因为他问的这个问题，容易把他引入误区：找一个外界看来有发展前景的行业，然后，在那个行业里找到工作，找到自己的归宿。这个逻辑听起来好像很合理，却会把人带入歧途。

前几年大家都看好"大健康"行业，我那个学生就去了一个做"大健康"的公司，更早之前，大家都说新媒体行业很有前途，他就去了新媒体公司。这些年，他不断地在"被大家看好"的行业里漂泊。但所谓"好的""有前景的"行业，其实很难判断。即便是当下被权威经济学家看好的行业，十年后也可能变得不景气。而且，即便这个行业真的好，对你来说，也不一定适合。

所以，我对那位学生说，不要再急于找一个好的行业，不要关心现在什么行业有前途，不要关心未来什么行业有前途，我们最应该关心的是我们自己想成为什么样的人，关心自己内心那种让你充满力量的热爱。

不要妄想着从外部去找答案，比如，去祈祷神灵的加持、去找好的行情……试试看，从自己的内心找答案，然后，再延伸到外部，找到最适合自己的工作，这样会不会容易一些？这样会不会安定一些？

如果你有爱好，那么，不要轻易放弃你的爱好。坚持你的爱好，这是找到自己内心热爱的第一步。也是你尝试着能够把控这个世界的第一步。从坚持你的爱好开始,你会慢慢发现一切都在你的掌控之中,从而找到让你一生安定下来的那种热爱。

也许,你不一定一下子就能够找到和自己兴趣高度一致的工作,但是,你可以保持内心的那一份热爱,在业余时间保持你的爱好。冰岛足球队的事曾引发了外界的广泛关注,这不是因为他们赢得了比赛,而是因为这支足球队的队员们都只是兼职——门将是导演,教练是牙医……冰岛队的胜利不仅仅是赢了足球比赛,更让很多人看到了工作之外的更多可能性。

冰岛足球队队长,讲了他从小就热爱足球。他说,在冰岛这样一个地方,无论对足球有多么热爱,都很难成为一个职业球员。然而,这种热爱还是让他打破了很多的不可能。最后,就像我们看到的那样,他们站在了足球的世界舞台上。

如果你的内心没有一份热爱,跳再多的槽,跳来跳去还是被困在人生的监狱里;如果你内心拥有一份热爱,即便一辈子在一个公司,一辈子做着一种工作,你也能在岗位上闪闪发光,也能把人生的监狱变成无垠的天空。

内心的热爱,也许只是一份理想,也许只是一个小小的爱好,也许只是一种好奇心,也许只是一种坚持……这些微不足道的东西,却赋予了生活无穷的意义和乐趣。如果我们放弃了对内心这份热爱的追逐和守护,我们的生活也就随之枯萎了。

婚姻：我愿意承担多少责任？

我愿意承担多少责任？

婚姻的"婚"字，本义指女子出嫁到男人家，它是由一个"女"字和黄昏的"昏"字组成的，之所以是这样，一种说法是古时女子出嫁要在黄昏时进行，这是远古抢婚的遗风。"姻"字的意思，按照《说文解字》，就是"女之所因"，相当于女子的丈夫家。婚姻，是男女双方缔结的一种关系，同时也是一种社会制度。

婚姻关系包含了两个层面：第一，作为性别意义上的男人与女人；第二，作为社会角色意义上的男人和女人。人类之所以需要婚姻，无非三种原因：一是感情，即为了爱情而结婚；二是经济，即为了经济上的考量而结婚；三是子女，即为了繁衍后代而结婚。针对这三种因素，远古时代的排序是经济、子女、爱情；中古时代的排序是子女、经济、爱情；现代社会的排序是爱情、经济、子女。当然，这只是大概的排序，具体到每一个人，由于具体情况的不同，排序也会有所不同，现代社会，也有把经济或子女因素排在第一位的。

一般的伦理观念，都认同爱情的结局应该是婚姻，而婚姻联结了爱情和家庭，所以，婚姻的问题包含了爱情的问题、婚姻本身的问题，还包含了子女教育、父母与子女的关系等问题。

关于爱情，几乎所有的人都说要寻找爱，一辈子都在寻找爱，但是，大多数人，找到的只是满足身体和社会需要的对象，适合两性生活，适合婚姻，就是没有爱。因为他们虽然在寻找爱，却并不知道爱是什么，要么把性当作了爱，要么把婚姻当作了爱。我们经常听到的问题是：

如何追求爱情？如何让爱情天长地久？

爱情是男女之间的致命吸引，它最大的特点是没有什么道理，就像《雅歌》里说的，来了，谁也挡不住。相爱是不需要学习的。因为当爱来了，即便两个人相隔千山万水，总能奇妙地邂逅。爱的时候，所有矛盾都消失了，无论对方做什么，另一方都觉得好。

爱情像灵感，可遇而不可求。你也无须去经营爱情，因为爱情像阳光，本身就是光明。可你也未必有办法让爱情天长地久。

爱情来了，谁也挡不住，去了，谁也留不住。

所以，我们应该关注的真正的问题，不是如何去追求爱情，也不是费尽心思去让爱情天长地久，而是去学习如何面对爱的无常，学习如何面对分手，好聚好散；学习如何面对爱情中的嫉妒、占有欲；弄清楚到底什么是爱。印度哲学家吉杜·克里希那穆提（Jiddu Krishnamurti）说："一般人只知道快感和痛苦，哪里知道爱是什么。如果是爱，怎么会有占有、嫉妒？如果是爱，怎么会焦躁、不安？"

人们在寻找爱，却总是顺着感官和社会的需求，找到了情人，或者婚姻，以为那就是爱。然后，在情欲与婚姻的关系里，演出了无数面目各异而剧情相同的悲喜剧。总是从最初的疯狂到渐渐地平淡、厌倦，最后走向新的寻找。

社会教给我们许多东西，比如：如何去吸引异性？如何去嫁一个好的丈夫？如何去娶一个好的妻子？诸如此类。唯独没有教给我们的是，如何去爱，什么是爱。因此，人们总是在寻找着爱，其实找到的，是欲望，或者，是那个符合条件的对象。

到底什么是爱呢？古代汉字"爱"的写法，由一个"旡"的古字和"心"的古字构成，象形上，是一个人张着口，用手抚摩着心，好像张开口告诉别人自己心里的喜欢。说明爱是发自内心的，这是爱的基础意义。另一种说法是，"旡"就是打嗝，打嗝意味着呼吸的中断，好像我们遇到喜欢的人，会突然心跳加速，突然紧张。汉字简化之后,"爱"这个字里的"心"字不见了,取而代之的是"友",朋友的"友"字。"友"字的象形,是两个人的右手朝着同一个方向,有志同道合的意思。

爱情其实很简单,就是男女之间一种奇妙的吸引。但是爱情也很复杂,相爱的甜蜜总是很快被痛苦的折磨所取代。为什么会这样呢?一位智者用一个比喻讲出了深层次的原因,他说很多男女之间所谓的爱,就像有人说"我爱鱼"一样,但他真的爱鱼吗?并不是的,他爱的是鱼的美味,他爱的,是鱼满足了他的食欲。这大概就是很多人的爱,所爱的对象不过是满足自己欲望的工具。

我们普遍把"爱"当作了名词,但"爱"更应该是一个动词。有一个人问《高效能人士的七个习惯》的作者史蒂芬·柯维(Stephen Covey):"要是我不爱我太太了,怎么办?"柯维回答:"那你就去爱她吧。"那个人继续说:"您没有听明白我的问题,我问的是假如我不爱我太太了,怎么办?"柯维说:"不是我没有听明白你的问题,而是你没有听明白我的回答,我是说,如果你不爱她了,那你就去爱她吧。"

另一种误区是,我们心中有一个完美的爱人,我们把心中的完美爱人投射到了现实里的对象中,一开始我们沉浸在幻觉里,一旦觉得目前的对象不符合自己的期待,就苦苦要求对方要为自己改变,变得完美。

我们希望得到对方的爱，却很少想到我们能够给予对方什么样的爱。当我们说爱什么人，其实往往爱的是自己的情欲、征服欲，还有完美的幻觉。这引发了一系列的问题。我们需要真正问自己的是：我如何去爱？也就是说，我应该有爱的能力。假如我们不能回答这个问题，那么，即便进入婚姻，也会危机重重。

婚姻的核心，在我看来，是把爱情转化为亲情，是责任的承担，在婚姻关系里，主要考虑的是承担什么样的责任。真正的问题只有一个：作为一个妻子或作为一个丈夫，我愿意并且能够承担什么样的责任？

曾获得诺贝尔物理学奖的美国物理学家理查德·费曼（Richard Feynman），年轻的时候和一个叫阿琳的女孩子恋爱。但阿琳不幸患上肺结核，在那个年代，肺结核等于绝症，而且会传染。因此，费曼的母亲建议儿子和阿琳保持订婚状态即可。

但是，费曼还是决定和阿琳结婚。他给母亲写了一封信，详细回答了之所以要结婚的理由，他说他请教了医生，知道了肺结核在什么样的情况下会传染，还请教了医生关于肺结核病人是否能够结婚的问题，然后，他说："我要和阿琳结婚，因为我爱她，也就是说，我要照顾她。事情就是这么简单。我爱她，我要照顾她。我顾虑的事情是，为了照顾自己心爱的姑娘，到底有多重的责任，有什么不确定的因素。"

费曼给出的理由总结来看就是，他爱阿琳，而且想照顾她，所以，他必须和阿琳结婚。爱是自然的激情，但照顾是责任。因为是责任，所以，费曼在信里仔细地向他的母亲分析了假如他和阿琳结婚会不会影响自己的工作，如果阿琳需要治疗他能不能负担医药费等问题，把这些账算清楚后，他还预估了最坏的情况："这里所提到的数字，只是一种猜测。但我愿意赌一赌。我认为我会赚到足够开销的钱。如果办不到，我也知道自己将会很惨，但我认了。"

他分析自己"为什么要结婚"和所谓"高贵的情感"无关。而且，他很清楚自己"对这个世界还有别的期望与目标"，并不是只有爱情，只有阿琳。"我要贡献全部心力，为物理学付出。这件事在我心中的分量，甚至超过我对阿琳的爱。"

但很幸运，他觉得这两件事没有什么冲突，可以同时做得很好。所以，他决定和阿琳结婚。解释完这些之后，他担心母亲不理解，还加了一个附注，又特别强调了自己也很明白自己的婚姻是一场冒险，有可能让他陷入各种困境里。尽管如此，他在对未来的反复推演里，还是觉得更多的是喜悦。最后，他又希望母亲帮助他再想想他自己还没有预估到的困难。

1942年，费曼和阿琳结婚。爱情只要体验，婚姻需要经营。"我爱她，我要照顾她。"费曼的决定，一方面源于爱的激情，另一方面源于责任的考量。恋爱，是谈出来的，所以叫谈恋爱；婚姻，是过出来的，所以叫过日子。从恋爱到婚姻，有微妙而深刻的变化。举个简单的例子，恋爱时对方一天打十几个电话，你觉得很甜蜜；结婚后，对方打几个电话，你可能就会觉得很烦。恋爱时，世界好像只有你们两个人，但这只是一个短暂的幻觉；结婚了，婚姻把彼此拉回到现实，彼此也确实应该回到现实里，一起面对平淡而漫长的日常生活。这时候，你们两个都回到一种社会关系里，开始真正的生活。这需要一个转换，需要你们从恋人关系转化为伙伴关系，再转换为契约关系，这就是婚姻的真相。

厌恶婚姻的英国小说家毛姆（Maugham），在《月亮和六便士》里，用不经意的笔触写了一个人物——布吕诺船长。这个船长，让婚姻这件事有了点亮色。布吕诺出生在法国布列塔尼亚，他年轻的时候当过海军。退役后结了婚，过上了平淡而幸福的日子。但一场意外让他一夜之间身无分文。他和妻子不愿意在自己的家乡过苦日子，就远走太平洋群岛，寻找生存之地。终于在一个很小的岛上闯出一片自己的天地，有了女儿和儿子。

"当然了，在我们那个小岛上，日子可以说比较平淡。我们离文明社会非常遥远——你可以想象一下，就是到塔希提来一趟，在路上也要走四天，但是我们过得很幸福，世界上只有少数人能够最终实现自己的理想。我们的生活很单纯、很简朴。我们并不野心勃勃，如果说我们也有骄傲的话，那是因为在想到通过双手获得的劳动成果时的骄傲。我们对别人既不嫉妒，也不怀恨。

有人认为劳动的幸福是句空话,对我来说可不是这样的。我深深地感到这句话的重要意义。我是个很幸福的人。"

"幸福的婚姻,就是两个人一起劳动。我的妻子不只是我贴心的朋友,还是我的好助手,不只是贤妻,还是良母,我真是配不上她。"

布吕诺船长又加了一句:"如果没有另外一个因素,我们是什么也做不成的。什么因素呢?对上帝的信仰。要是不相信上帝我们早就迷途了。"

布吕诺船长在小说中只有三页的篇幅。但是,他的故事,却揭示了婚姻长久的可能性:共同为了理想与信仰而奋斗,两个人既是伴侣也是同志。

从本质上来讲,男女关系不过一种缘分,缘分尽了,就各自珍重。有缘就走到尽头。不必刻意,不必妄求天长地久。更不必看到别人分开了,就说不相信爱情了。你信不信,爱都在,婚姻不过一种形式,爱是更深远的东西。

婚姻带来了家庭,形成了父母、子女的关系。家庭引发了两个常见的问题,一个是父母对于子女的影响,另一个是子女的教育问题。前一个问题,英国著名哲学家伯特兰·罗素(Bertrand Russell)在他的著作《幸福之路》中讲过一段话:"现在的事实是,父母和孩子的关系十有八九成了双方的不幸之源,至少在

99%的情况下是其中一方的不幸之源。家庭没能给予原则上能够给予的基本的快慰,是导致我们这个时代普遍不满的最深层的原因之一。"

关于子女的教育,是父母最焦虑的问题。怎样教育孩子呢?什么样的教育方法会让孩子成材呢?一些年轻的父母经常会提出这样的问题。市面上也经常有很多讲解如何培养孩子的畅销书,还有一些培训班,宣传说只要采用某种方法,就能让孩子成长,能让他们考上好的大学之类。如何教育孩子?这个问题会让我们去思考各种教育方法,但危险的是,这种思维方式常常会让我们陷入两个误区:一是以为有一种灵丹妙药式的教育方法,只要用了这种方法,孩子就能成材,而忘了儿孙自有儿孙命,有些事情无法强求;二是以为这是一种标准式的教育法门,但如果我们总是要求孩子去做什么,孩子就会很抵触。这两个误区带来的就是"望子成龙焦虑症"。

也许,与其苦苦追问怎样教育孩子,不如换一个问题:

我自己如何做父亲?
我自己如何做母亲?

作为父亲或母亲,我们有抚养孩子的责任,作为孩子的法定监护人,我们有规范孩子行为的责任。我们会尽可能给孩子提供较好的生活环境和教育环境,要求孩子遵守社会规则,比如必须遵守交通规则、必须排队等。至于他能够走到多远,取得什么样的成绩,就是他自己的事情了。

父母最应该帮助孩子的,是尽到自己的责任,为孩子的教育创造尽可能好的条件,找到最利于他成长的环境,用鲁迅的话讲,父母应当有这样的担当,就是"肩住了黑暗的闸门,放他们到宽阔光明的地方去"。至于他能不能走出去,走出去以后怎么样,不用操心。尽到了自己的责任,在尽责的过程里完成了对于孩子的爱,就不用再操心什么了。

当我们把问题聚焦在"我如何做一个父亲""我如何做一个母亲"上,放下对孩子的要求,也放下对孩子的期待,反过来要求自己,期待自己时,这样,父亲或母亲这个角色,带给我们的就是自己生命的成长,也能让自己彻底从望子成龙的焦虑中摆脱出来。

如果说,工作串联起来的是人的社会关系,那么,婚姻串联起来的,就是人的亲密关系。在亲密关系中,真正的问题只有三个:

什么是爱?

如何去爱?

我愿意承担多少责任?

财富：如何成为财富创造者？

如何成为财富创造者？

财富的"财"字，是一个形声字，它由才华的"才"字和贝壳的"贝"字组成。贝壳在古代被用来作为货币，也就是金钱。"才"是读音，但理解成才华、才能，也挺有意思。财富的财，就是金钱加才能。财富的富，是富有的富。古代汉字中的"富"字，《说文解字》中解释为"备"，"备"的象形字，下方是方形的箭袋，上方是一支箭头朝下的箭，箭头伸入袋中，意思是装箭的工具。后来出现了另一种字形，旁边加了一个"人"字，像是人背着箭袋，从而衍生出新的含义，也就是有准备、预备的意思，之后，又引申出完备、一个都不缺的意思。

"财富"这个词在今天，被赋予了很多意义，综合起来看，指的是个人拥有的有价值的事物，从金钱到房子、地位、名誉，都可以说是财富。个人的品德、才华、社会关系，也是财富。在世俗社会里，财富几乎是衡量一个人是否成功的最主要的因素。学习、工作，都是为了财富，婚姻也和财富紧密相关。"财富"这个词，意味着我们一生有两个基本动作：第一个是去获得，获得有价值的东西；第二个是守住，守住有价值的东西。一般人的生活，好像就是这么两个目的，获得更多的东西，守住拥有的东西。

毫无疑问，金钱是构成财富最主要的元素。一个人的成长，先是学习，然后工作，工作获得报酬，有了金钱，用金钱购买房子、车子等，开始了财富的积累，在财富积累的过程里，有了家庭，有了孩子，有了社会地位。这大概就是大部分人的一生。金钱是一个开端和基础。文明社会，没有金钱，寸步难行。只有拥有一定的金钱，才能养家糊口，很多其他问题，也可以用金钱解决。但是，金钱并不能买来一切，比如金钱买不来爱情，也买不来尊严。

同时，金钱引发了广泛的焦虑。怎么赚钱？为什么有了工作，还是觉得钱不够花？这是很多人在问的问题。一个简单的原因是，消费主义为大众构建了一个美好人生的图景：一定要有汽车，一定要有房子，一定要去度假，一定要让孩子读名校，这样才算是美好的生活，才算是成功的人生。一般人的工资收入总是达不到社会定义的那种成功的标准，所以，大多数人会有金钱焦虑。当他们问"怎么赚钱"时，其实是在问"怎么赚到更多的钱"。

怎么赚到更多的钱？第一种途径是在自己的工作秩序里，通过晋升获得更多的钱；第二种途径是通过工作之外的理财、兼职，获得更多的钱；第三种是换工作，去待遇更高的地方，获得更多的钱；第四种是创业，自己做老板，获得更多的钱；第五种是通过自己的天赋获得更多的钱。

当我们聚焦如何赚到更多的钱，就会更多地关注外在的状况：哪一个行业更赚钱？哪一个单位更赚钱？哪一种理财产品更赚钱？等等。而这些外在的状况千变万化，因此，会引发我们的焦虑。这种焦虑背后，隐藏着两种对于金钱的畸形态度。第一种是拜金——以为金钱是万能的，把金钱看作一切行为的目的，久而久之，在赚钱的过程里，成了金钱的奴隶。第二种畸形心态比较隐蔽，常常以清高的形象出现，但这种对金钱的极端鄙视，隐藏着对自己责任的推卸——千万不要忘了，很多时候赚钱是一种责任。有时候，这也是一种虚伪，明明喜欢金钱，却伪装成自己不喜欢金钱。

有一次石油大王约翰·洛克菲勒（John Rockefeller）去参加一个活动，有个园丁上前对他说："洛克菲勒先生，你这样赚钱是不对的。因为《圣经》上说，金钱是万恶之源。"洛克菲勒对他说："先生，《圣经》上说的并非金钱是万恶之源，而是'对金钱的爱、贪婪是万恶之源'。"后来，洛克菲勒对他儿子说，当时他一听这个园丁的话，就知道他为什么会贫困，因为他被流行的似是而非的观念误导了。金钱不过是一种工具，通过这个工具，我们可以实现很多理想。

一般中国人总以为孔子、佛陀反对赚钱，实际上，孔子说过，如果合乎道义，又能赚到钱，变得富贵，那么，即使"执鞭之士，吾亦为之"（《论语·述而》）。孔子的弟子里，固然有颜回这样的贫穷书生，但也有子贡这样的富豪。孔子的着眼点，不在于金钱，而在于无论穷困还是富贵，都能坚守自己的原则和底线。佛陀也是如此，最早的佛经里有专门讲如何理财的部分。维摩诘居士是一个富豪，但这并不影响他是一个真正的觉悟者。

金钱不过是一个工具，关键在于：我们如何得到它，如何使用它？要回答这个问题，先要弄清楚金钱的本质。原始时代，人们没有金钱，但是每个人都拥有一些物品，这时候，就出现了交换。比如，我有两张桌子，其中一张桌子是我不需要的，我真正需要的是一把椅子，而另一个人有两把椅子，其中一把椅子是他不需要的，他真正需要的是一张桌子。这时，我就可以用我的桌子交换他的椅子。这叫作物物交换。物物交换受到很多限制，因而出现了货币。货币是一种中介，透过这个中介，每个人都可以得到他想要的东西。历史学家尤瓦尔·赫拉利进一步分析，"金钱是有史以来最普遍也是最有效的互信系统"，金钱建立了陌生人之间的普遍联系，是最直接的价值体现，也使得万物都可以进行交换。

金钱的本质体现在这样几个关键词上：中介、交换、诚信、价值。也就是说，金钱透过价值和诚信完成了中介和交换功能。但金钱的这种本质常常被人遗忘，尤其在资本主义社会，人们完全遗忘了货币的目的是什么。就像德国哲学家格奥尔格·齐美尔（Georg Simmel）所说，人们把金钱当成了上帝，站在了手段的桥梁上，而忘了要到达彼岸。因此，当我们想要赚钱，想要积聚财富的时候，确实应该像英国经济学家约翰·梅纳德·凯恩斯（John Maynard Keynes）所说的，先问一下自己：

拥有财富的目的是什么？
我们需要多少钱才能过上美好的生活？

一旦弄清楚了凯恩斯的问题，那么，就会更深地理解财富的意义。财富不等于金钱，财富其实是透过商业规则，为社会创造价值。哲学家安·兰德（Ayn Rand）推崇商人，认为商人才是社会的正能量，她把真正的商人叫作"财富创造者"，即不会通过不正当的手段赚钱，而是通过创造性的商业模式把知识变为金钱。财富创造者，是发现者，把发现转换成物质产品。财富创造者从不等待潮流，他自己设定潮流的方向。

纳瓦尔·拉维坎特区分了金钱和财富以及地位，财富是指在你睡觉时仍能为你赚钱的资产,金钱是我们转换时间和财富的方式,地位是你在社会等级体系中所处的位置。然后,他把人类的追求区分为三种:金钱游戏、地位游戏、财富游戏。金钱游戏和地位游戏都是零和游戏,非此即彼,不是成功就是失败,人类自古以来就在金钱游戏和地位游戏的陷阱里争斗、挣扎;而财富游戏,是一种价值的创造,在人类进化史上,近代才出现,是一个正和游戏。

到最后,真正的问题只剩下一个:

如何成为财富创造者?

或者说:

如何创造价值?

时代：当下，我要做什么？

当下，我要做什么？

"时代"这个词，意味着我们的人生总是在某一个时代，有它的特点，而我们个人的命运，会受到时代的影响。和"时代"接近的一个词，是"环境"。个人、时代、环境，构成了某种互动，相互激荡，形成了个人的命运。

和时代相关的一个问题是，如何面对现实？这个问题的另一种表达是：个人如何处理与环境的关系？

现实常常给人压迫感，好像具有无法选择性，所以，"现实"这个词，有无法选择的意思。所谓的"你要现实一点"，意思是你要接受这个既定的东西，要妥协。如何面对现实？这个问题背后有很大的无奈。但如果我们细细思考一下到底什么是现实，那么，会打开另外的思路。

什么叫现实？

从社会学层面上讲，现实就是由各种社会制度所形成的各种环境。比如一个单位，由它的体制、历史等因素形成了一个小的环境。

再比如，你生活的国家、城市、学校，都是大大小小的环境，有它们运作的机制。个人面对环境，有时会有无力感。

从心理学层面上讲，现实就是各种心态形成的氛围，比如，如果你生活在素食主义的社群，就有素食主义的氛围。这个时候，你会发现现实可能并非客观的存在，而是由很多心理的投射所形成的镜像。

从科学层面上讲，现实就是基本事实，比如，我现在正在写作，对于物理学家来说，写作不是真正的现实，真正的现实，是无限的原子在分裂、在组合。这个时候，你会发现，现实是肉眼看不到的，是一种物质的组合。

从心性层面上讲，现实是意识的投影，你会发现你自己的价值观、思维方式，在决定着你看到什么现实，同时，决定着你在创造什么现实，这个时候，你会觉得现实并非枷锁，而是一种载体，你可以利用这个载体走向你自己的目的地。

个人如何处理与现实（环境）的关系？

个人如何处理与现实（环境）的关系？孔子在《论语·泰伯》中有三句话，可以回答这个问题，他的方法最为简便、实在。孔子说的第一句话是："危邦不入，乱邦不居。"就是说个人有选择的自由，看到这个国家有危险的因素，就不要进入，看到这个国家很混乱，就不要居住；个人应该选择长治久安的稳定的环境。那么，假如没有选择的自由，只能处在某个环境里，怎么办呢？孔子说的第二句话"天下有道则见，无道则隐"就回答了这个问题，这句话的大意就是，假如环境黑暗，社会风气堕落，那么，就隐居过自己的小日子，远离主流社会；如果环境光明，社会风气良好，那么，就要在公共领域干一番事业。孔子的第三句话是："邦有道，贫且贱焉，耻也；邦无道，富且贵焉，耻也。"大意是说，如果环境清明，社会秩序良好，你却生活得贫穷而地位低下，那么，就是你自己的耻辱；如果环境黑暗，社会秩序混乱，你居然还混得风生水起，富贵荣华，那么，也是你的耻辱。

显然，孔子把个人的品德看得高于环境。不管环境怎么样，不管身处什么时代，我只是坚持做我自己，我的品德和个性，让我超越了这个环境，不受环境的束缚。

与时代相关的另一个问题是："时代趋势是什么？"确实存在着某种趋势，或者说潮流，像孙中山先生说的，世界潮流，浩浩荡荡，顺之则昌，逆之则亡。丰子恺先生说，大自然间有一种神奇的力量叫"渐"。就是不知不觉间已经老了，不知不觉间一个时代过去了，不知不觉间已经永远失散了，不知不觉间就已经习惯了……如果我们对于外界的变化总是无知无觉，就会麻木不仁，就会成为习惯的奴隶。那些不知道发生了什么和为什么发生这种事情的人，常常会沦为时代的牺牲品。

时代总在动荡，你没有办法让它按你的想法改变，只能是你自己适应时代的变幻。不论遇到科技革命，还是社会制度的变革，只能去适应这种改变，此外别无他法。

但另一方面，要看到不变的一面，变化好像浮云，而不变的是青山和天空，世事变幻，但人性没有多少改变。流水的旅途，弥漫着浮云，也耸立着青山，而无垠的天空，一直就在那里。

今天，男女之间恋爱，因为有手机、电脑这些通信工具，有飞机、火车这些交通工具，约会或相见已经变得非常容易。从前的人，约会相见，异常艰难。但是，爱情本身从来没有改变过。从《诗经》里的"关关雎鸠"到今天的爱情小说或爱情电影，改变的只是传播的形态，爱情这种情感本身没有什么改变。我们和《诗经》里那个在河边偶遇了一个女子的男子一样，当情愫涌动，一样意乱情迷。如今，音像店虽然不常见了，但是，音乐还在，那些动人的歌声还在。

在写这篇文章时，我在网上看到一篇帖子："当人们把精力都投向网络，一切都走向电子化的同时，人类又无限向往回归自然。那些网络精英赚了钱之后，又怎么样？他们在山上盖座房子，数着周围的树木，就满足了。其实，几千年来人类并没有改变太多。"

没有什么。每天面对乱纷纷的潮流，不过如此，变来变去，万变不离其宗。浮云飘忽，而青山依旧，天空无垠。

世界时刻在变，纷纷扰扰。时代的变化让我们感到不安。我们在寻找稳定的东西，那么，什么是真正的稳定呢？真正的稳定，是你拥有应对这个世界的健全心智以及某种技能。有些人的工作总是换来换去，但其实他很稳定，因为每次换工作他的自我价值都在提升；有些人一辈子待在某个单位，其实内心很不安，总是害怕自己的位置被挤走，因为他别无所长。

真正的稳定，是你拥有别人任何时候都无法拿走的东西；真正的稳定，是不论世界怎么改变，你都可以坦然应对。

电脑的出现，改变了我们的书写习惯，我们当然可以使用电脑，没有必要坚持手写。但是，你应该坚持自己的写作风格。如果因为电脑的出现，你盲目地改行做电脑生意或编软件，那不过是随波逐流。有人问：应该怎样赶上时代趋势？我的回答是：这个问题的思路是错的。也许应该这样问：怎样让我喜欢的东西汇入时代趋势？

举个例子来说，有一段时间，美国著名女影星琼·克劳馥（Joan Crawford）的事业有点低迷，电影公司的负责人对她说："现在大家都想看邻家女孩，你是否该演演邻家女孩？"琼·克劳馥回答："如果他们想看邻家女孩，叫他们去隔壁看。"所以她一直演她自己。重要的不是别人需要什么你就提供什么，而是学会如何把你自己的东西变成别人喜欢的东西。

日本导演小津安二郎成名后，很多人希望他利用自己的名声再去做点别的事，但小津说："我是开豆腐店的，我只卖豆腐。"所以，他还是安安静静地拍他自己喜欢且擅长的电影。

清代文学家赵翼在《论诗（其一）》中说："满眼生机转化钧，天工人巧日争新。预支五百年新意，到了千年又觉陈。"世界日新月异，我们要觉知到变化，面对变化。另外，赵翼在《论诗（其三）》中说："只眼须凭自主张，纷纷艺苑漫雌黄。矮人看戏何曾见？都是随人说短长。"所以，面对纷繁变化的世界，我们更要有自己的立足点，而不是人云亦云，随波逐流。

最关键的并不是时代趋势如何，而是对于时代趋势的应对。同样的时代趋势里，每一个人的命运因为应对的方式不同，而形成了不同的命运。

也许，真正的问题是：如何在这样一个时代里做我自己应该做的事？这个问题会提醒我们，不要迷失在时代的趋势里，不要为时代而活，要为自己而活。

每到年底，大家总是习惯性地会去预测明年会怎么样，明年哪个行业会发展得最好，明年什么时候经济会复苏。我们总是习惯性地在等待着一个最好的时机，在寻找最好的伙伴，寻找最重要的事情，我们以为只要找到了这三者，一切就会变得很顺利。但是，到了明年，你会发现，一切并没有变得很顺利。

有这样一个故事，从前有一个国王，他一次又一次地询问别人：到底什么时候是做事的最佳时机？什么样的人才是最好的工作伙伴？什么事情是最重要的？但他对得到的回答都不是很满意。于是，他自己伪装成普通人，到深山老林去寻访隐居的智者，那些智者的回答也不能让他满意，就这样，很多年过去了，终于有一天，他自己悟了出来——当下就是我们做事的最佳时机，当下和我在一起的人就是最好的工作伙伴，当下要做的事情就是最重要的事情。

当下就是生命最好的礼物，因此，和时代相关的最终的问题只有一个：

当下，我要做什么？

善恶：如何做一个善良的人？

如何做一个善良的人？

为什么要判断善恶？因为道德原则的需要。道德原则要求我们在现实生活里必须去做对的事情。而要做对的事情，首先就需要对善恶进行划分和界定，然后，制定道德原则。道德原则的特点：第一，规定性；第二，普遍性；第三，优先性；第四，公共性；第五，实践性。简单地说，道德原则是一种适用于任何人的指令，是每个人都必须遵守的原则。

为什么个人应该有道德？

古希腊哲学家柏拉图（Plato）在《理想国》一书里举了一个例子，一个人因为违背道德原则，却获得了世俗的成功，另一个人因为坚守道德原则，却过上了潦倒的生活。既然不遵守道德原则，还能过得比遵守道德原则的人还要成功，那我们为什么还要坚持道德原则呢？柏拉图的理由有两个：第一，我们应该选择"不成功"却正义的生活，因为遵守道德原则对我们是有利的，这不会腐蚀人的内心，也就是说，一个人幸福还是不幸福，不是取决于外在的成功，而是取决于内在的道德原则，有道德的人和不道德的人，就好像健康的人和有病的人，即使不道德的人拥有物质上的富裕，但他内心的混乱会让他无法享受这种富裕，而好人即使贫穷，也能在心安理得中享受简单的快乐；第二，上帝将会基于人们的善或恶来进行奖赏和惩罚，这个指向未来的承诺，给予有德行的人永久的幸福，给予罪恶的人无尽的磨难。

柏拉图的回答，对于现代有些没有宗教信仰的人来说，好像并没有很大的说服力。同为哲学教授的伦理学家路易斯·P.波伊曼（Louis P. Pojman）和詹姆斯·菲泽（James Fieser）在《给善恶一个答案：身边的伦理学》一书中，试图从伦理学角度回答"为什么个人应该有道德"这个问题，他们用了一个叫"合作"还是"作弊"的博弈模型加以论证，得出的理由很简单，遵守道德原则会带来长期利益，而违背道德原则只会有短期利益，因此，我要容许对我而言的不利因素，也就是牺牲自己，以便我能获得一种整体的、长远的利益。

进一步的问题是："善恶有没有标准呢？"

关于善恶，应该说是有标准的，又是没有标准的。可以说必须根据自己内心的标准，也可以说是必须按照社会的标准。先说有标准的，这个标准是什么呢？

第一，我们每一个人生活在具体的社会环境里，每一个社会环境里都有各种各样的法律制度，以及各种各样的公共规则，还有一些道德规范。如果你想在这个环境里生存下去，就必须遵守这些法律和公共规则、道德规范。这些规则小到怎么过马路，大到怎么处理经济纠纷等，都有一套规定，规定了什么是善的，什么是恶的，什么是可以做的，什么是不可以做的。如果你不遵守这些规则，就很难在这个环境里生存下去。也就是说，作为一个人，最基本的，就是遵守社会层面的法律、公共规则和道德规则。这些规则也是善恶的基本标准。

第二，除了这些社会规则之外，如果你有信仰，那么，每一种信仰对于善恶都有一套具体的标准。但值得我们注意的是，各种宗教虽然差异很大，在善恶标准上却基本是相同的，而且都主张要行善。这说明人类在善恶方面是有共识的，也是有普遍的标准的。

第三，一般来说，法律规则、公共规则，每一个人都必须无条件地遵守。但是，道德层面的事情，确实也有一定的复杂性。比如，每一个人必须无条件地遵守交通规则，如果不遵守，就要受到处罚。再比如，一个人如果杀了人，他肯定要接受法律的处罚，只是要考量一些细节，比如故意杀人和过失杀人的量刑不同。这些法律规则是社会的通则，必须按社会标准来运作。

但关于个人道德方面的规则就比较复杂，有时候很难用社会标准去衡量，只能每个人自己根据自己的内心去衡量、去决定。大概界定的话，凡是涉及公共领域的事情，应该按照社会规定的道德原则去判断，凡是涉及私人生活领域的事情，更多的是按照自己内心的标准去判断。

更进一步，涉及公共利益的，应该遵从社会的标准；而只是涉及当事人自身利益的，应该允许有不同的看法和不同的选择。

归纳一下，从道德原则而言，一个人在社会里，第一，应该遵守法律，按照社会标准规定的善恶去要求自己，不做恶事，只做善事；第二，假如有信仰的话应该按照信仰界定的善恶去要求自己，不做恶事，只做善事；第三，要认识到道德层面的法则有相对性，所以，对别人要有宽容心，对自己，遇到个人道德层面的抉择，要听从自己的内心。

就道德原则而言，个人面对的只有一个问题：

我如何做一个善良的人？

这个问题本身，包含了对善良的信仰和信念，表明了一种基本的生活原则。每一个人，不管有什么观点，信仰什么宗教，都应该坚守这样一种原则——相信善。

当我们思考"我如何做一个善良的人"这个问题时，需要特别厘清两个问题。第一，善良的人，不等于做老好人，不讲原则。对一些不当行为的"宽容"，并不是善行，并不是帮助别人。对于社会层面的"恶行"而言，"宽容"不是善良，而是助纣为虐，是恶的帮凶。第二，不能因为社会上出现的各种恶，而动摇对善的信念。不管别人做什么，我只做自己应该做的事。

就算在地狱，就算在无尽的黑暗里，我们都要怀着对光明的信念，要让自己成为光，去温暖别人。这就是善。就算所有人都相信魔鬼，只有你一个人相信天使，天使仍会眷顾这个世界。如果你不再相信天使，那么，你就可能成为魔鬼；在黑暗里，如果你不相信光明，那么，你就只能在黑暗里沉沦。

死亡：如果生命只有一天，我会做什么？

如果生命只有一天，我会做什么？

死亡代表了生命的结束，它带给我们的，往往是恐惧和虚无。因而，死亡对大多数人而言，是一种禁忌，一种不敢面对的真相。生活中，每天都有人在死去，即使在我们周围，死亡也是常有的事，但我们总是觉得死亡只会发生在别人身上，和自己无关。而一个人的成熟和觉醒，是从意识到自己一定会死亡开始的。

一旦意识到自己会死，我们经常提出的问题是："死后到底会去哪里？"这个问题本身，是在消解死亡的恐惧。会去哪里，意味着死亡并不是终结，而是新的开始。庄子对死亡的解释是，我们从自然中来，又回到自然中去了。所以，他的妻子去世了，他不仅不悲伤，还鼓盆而歌。别人认为他这种行为很不像话，但其实，庄子在妻子刚刚死的时候，和绝大多数人一样很感慨、很伤心,但他突然想到,妻子原来就是没有生命、没有形状,也没有气息的,只是混杂在恍恍惚惚之间,产生了气息,又有了形体,诞生了生命。现在这个生命又回到她原来的样子,就和春夏秋冬的四季流转一样,死去的那个人安静地回到了天地之间,假如他哭哭啼啼的话,就显得不能通达天命。于是他就停止了哭泣。

庄子把生死看作四季变化,是很自然的现象。所以,他把死亡看得很淡。古希腊哲学家伊壁鸠鲁(Epicurus)也把死亡看得很淡,他说:"一切恶中最可怕的——死亡——对于我们是无足轻重的,因为当我们存在时,死亡对于我们还没有来,而当死亡来时,我们已经不存在了。因此,死亡对于生者和死者都不相干。对生者来说,死亡是不存在的,而死者本身根本就不存在了。"伊壁鸠鲁以理性的推论证明,虽然死亡是最糟糕的事情,但是,实际上死亡对于我们,就像不存在一样,完全没有必要害怕死亡。

但人类社会中,存在各种信仰和文化,大多数还是相信死后并不是什么都不存在了,而是有灵魂,有来生。灵魂、来生的说法,很大程度上,对于活着的人,不仅可以消除死亡的恐惧,还可以产生一种道德上的威慑——活着时候的行为,会决定你死后过得怎么样。

但无论如何,从世间的观点看,死亡仍然是一种终结,是一种彻底的消失。死亡冥想的另一个方向,也许更适合一般普通人：把注意力集中在死亡这件事情本身，好好想一想自己终究会死去这件事本身。

死后到底会去哪里，这是人类经验之外的东西，并不重要，重要的是我自己如何面对死亡。而更重要的是，面对死亡，我应当如何活着。这样一来，关于死亡，对于个人而言，下面这个戏剧性的问题值得我们反复去问自己。

假如明天我就要死了，今天我会做什么？

这个问题，会提醒我们，死亡这样一个真相关乎我自己，而不仅仅是别人。现实生活里，很多时候，一位同事或亲人去世了，会受到一点触动，感叹着要开始好好生活，珍惜生命。但过不了多久，我们还是老样子，还是在和同事们明争暗斗，还是在是非里纠缠，还是在钻营奔波，还是有很多很多的想不开。

为什么呢？原因很简单，我们并没有真正想过自己会死，总是以为死亡是别人的事。不知道死亡才是真正关乎自己的事。当有一天，我们真正意识到自己会死，而且意识到随时随地都有可能死去，那么，我们就走上了觉醒之路。

一旦意识到自己终究会死去，就会重新衡量这个世界的轻和重，以前看得很重的事，现在看得很轻了，而以前看得很轻的事，现在看得很重了。一旦意识到自己终究会死，就再也不会在乎别人的眼光了，而会更在乎自己的内心。生如昙花，应当欢喜盛开，去彼此喜欢的人那里，做喜欢的事情，走喜欢的路。

一旦意识到自己终究会死去，那么，人生的意义就成为一件迫切的事情，自己如何度过这一生，就变成一件必须去回答的事情。苹果公司创始人史蒂夫·乔布斯（Steve Jobs）在斯坦福大学的演讲里，说自己十七岁的时候，读到一句格言："如果你把每一天都当成你生命里的最后一天，你将在某一天发现原来一切皆在掌握之中。"这句格言对他产生了深远的影响，从那个时候起，几十年来，他每天早晨都对着镜子问自己："如果今天是我生命中的末日，我还愿意做我今天本来应该做的事情吗？"

乔布斯说，如果一连几天给出的答案都是否定的话，他就知道做出改变的时候到了。然后，他分享了自己患上癌症的经历，在分享患癌体验的前后，他讲了几段值得我们深深记住的话：

"提醒自己行将入土是我在面临人生中的重大抉择时，最为重要的工具。因为所有的事情——外界的期望、所有的尊荣、对尴尬和失败的惧怕——在面对死亡的时候，都将烟消云散，只留下真正重要的东西。在我所知道的各种方法中，提醒自己即将死去是避免掉入'畏惧失去'这个陷阱的最好办法。你已经一无所有，没有理由不听从你内心的呼唤。

"在经历了这次与死神擦肩而过的经验之后，死亡对我来说只是一项有效的判断工具，并且与只是一个纯粹的理性概念时相比，我能够更肯定地告诉你们以下事实：没人想死；即使想去天堂的人，也是希望能活着进去。死亡是我们每个人的人生终点站，没人能够成为例外。

"生命就是如此，因为死亡很可能是生命最好的造物，它是生命更迭的媒介，送走耄耋老者，给新生代让路。现在你们还是新生代，但不久的将来你们也将逐渐老去，被送出人生的舞台。很抱歉说得这么富有戏剧性，但生命就是如此。

"你们的时间有限，所以不要把时间浪费在别人的生活里。不要被条条框框束缚，否则你就生活在他人思考的结果里。不要让他人的观点所发出的噪声淹没你内心的声音。最为重要的是，要有遵从你的内心和直觉的勇气，它们可能已知道你其实想成为一个什么样的人。其他事物都是次要的。"

第二章　愿望

"爱"是光,照亮那些给予和接受它的人;"爱"是引力,它使得人们彼此相吸;"爱"是力量,它把我们拥有的最好的东西又加倍变得更好,它使人类不会因无知、自私而被毁灭;"爱"可以揭示,"爱"可以展现,因为"爱",我们生存及死去。

写在前面

人这一生，都在追求的过程中，这些追求构成了一个愿望系统，这个系统由四个关键词构成。第一是快乐，这是最基础的愿望，快乐延伸出幸福、健康；第二是成功，这是世俗层面最高的人生理想；第三是自由，代表了人们希望不受各种制约，能够自己决定生活方式，自己支配时间；第四是爱，爱是更深刻的渴望，这种渴望联结了个体，也联结了宇宙万物。

快乐：如何享受生活？

如何获得快乐？

从生理学层面来解释，当我们的体内分泌多巴胺，我们就会感觉到快乐。快乐是一种心理满足感，就像康德说的："快乐是我们的需求得到了满足。"反过来说，我们每天忙忙碌碌，就是为了满足各种欲望，而满足各种欲望就是为了快乐。快乐好像是基础性的人生意义。人活着，让自己过得开心最重要。

那么，如何获得快乐呢？

最简单的回答就是：及时行乐。什么是及时行乐？苏东坡有一首名为《虞美人·持杯遥劝天边月》的词，这首词很有代表性，它是这样写的："持杯遥劝天边月，愿月圆无缺。持杯复更劝花枝,且愿花枝长在、莫离披。持杯月下花前醉,休问荣枯事!此欢能有几人知?对酒逢花不饮、待何时?"

这首词的大意是说,人生没有圆满,就像月亮总有缺损的时候,花朵总有凋谢的时候,月圆花好,只是心里美好的愿望。所以,拿着酒杯在花前月下喝醉的时候,又何必管花开了还是谢了,月圆了还是缺了呢,今朝有酒今朝醉的快乐有多少人能够知道呢?有酒,还有花,你还叽叽歪歪地不肯喝,还要等到什么时候呢?等到死了再喝吗?

这种及时行乐的想法,在汉代的乐府诗里就有了,比如《西门行》的开头几句:"出西门,步念之,今日不作乐,当待何时?逮为乐,逮为乐,当及时。"这几句诗的大意是说,走出西门,每走一步都在想,要是今天不做一点让自己快乐的事,还要等到什么时候呢?说到让自己快乐啊,一定要及时啊。那怎么样才能让自己快乐呢?"酿美酒,炙肥牛,请呼心所欢,可用解忧愁。"也就是说,喝着美酒,烤着肥牛,聚在一起的都是自己喜欢的人,这样就可以化解忧愁。

后来的中国诗词里,反复出现关于"及时行乐"的感叹,比如曹操的"对酒当歌,人生几何"(《短歌行》),李白的"人生得意须尽欢,莫使金樽空对月"(《将进酒》),苏辙的"及时行乐不可缓,岁长春短花须臾"(《寒食赠游压沙诸君》),等等,数不胜数。西方文学里,古罗马诗人贺拉斯(Quintus

Horatius Flaccus）在《颂歌》里较早用了"及时行乐"（carpe diem）这个词：

> 聪明一些，斟满酒盅，抛开长期的希望。
> 我在讲述的此时此刻，生命也在不断地衰亡。
> 因此，及时行乐，不必为明天着想。

英国现代作家毛姆创作过一篇名为《寻欢作乐》的小说，小说中的一个人物罗西认为"人应该及时行乐"。为什么呢？"一百年之后我们就都要死了，那个时候还有什么是最重要的呢？趁我们可以的时候，赶紧享受生活才对。"

"人生苦短，及时行乐"，这是人类从古到今很普遍的一种人生感叹，也是最简单的获得快乐的方法。

"及时行乐"的英文通译是"seize the day"，这来源于拉丁文的"carpe diem"，大意是"抓住这一天"，和中文的"及时"的意思几乎一样。所以，及时行乐的第一个关键词是"时间"。时间飞逝，人生短暂，且充满了痛苦和烦恼，一切都好像没有意义。怎么办呢？还不如享乐，什么都不重要，快乐最重要。什么样的快乐呢？从中国到外国，从古代到今天，有关及时行乐的叙述，都离不开酒。酒是及时行乐的第二个关键词，意味着当下的官能层面的快乐。

及时行乐的态度,是把快乐理解成了偏于感官的享乐,试图从酒这种外在的事物上去寻找快乐,这具有一定的积极意义,把我们被文明所压抑的官能快乐释放了出来。但是,这也遇到了一个瓶颈,什么瓶颈呢?就是当我们痛苦的时候,及时行乐确实能够让我们很快忘掉痛苦,获得快乐,但这种官能层面上的快乐很短暂,而且会对我们的身体造成伤害,消耗我们的能量。更重要的是,官能层面的快乐,还会使人堕落,就像著名科学家阿尔伯特·爱因斯坦(Albert Einstein)说的:"照亮我的道路,并且不断地给我新的勇气去愉快地正视生活的理想,是善、美和真。我从来不把安逸和快乐看作生活目的本身——这种伦理基础,我叫它猪栏的理想。"

什么是真正的快乐?

古今中外,几乎所有对"快乐"这个概念进行过讨论的哲学家都认为,真正的快乐不是短暂的,而是长久的。长久的快乐,才是真正的快乐。那么,怎么样才能让快乐长久呢?苏东坡在《超然台记》这篇文章里,做出了回答。在苏东坡看来,任何事物都可以玩赏,正因为都可以玩赏,所以都可以使人快乐。因为凡事都可以使人快乐,所以,他说自己到哪儿都很快乐。苏东坡这个表述,区分了两种类型的快乐:第一种快乐是有条件的快乐,不妨叫作享乐；第二种快乐是无条件的快乐，不妨叫作享受。也就是说，通过享乐而得到的快乐很短暂，而通过享受得到的快乐很长久。

享乐和享受的区别在于两点。第一点，享乐是被动的，享受是主动的。当我们感到痛苦，顺着本能借酒消愁，希望以喝醉来逃避痛苦，这是被动的；但像陶渊明那样，一个人独自饮酒，微醺，在微醺里感受自己的痛苦，在痛苦的感受中弄明白活着的意义，这是主动的享受。第二点，享乐是只要快乐，不要痛苦，而享受，是把快乐和痛苦看作一体的两面，把它们看作一个整体，喜欢快乐，但也不抗拒痛苦；喜欢快乐，但不沉溺于快乐，不喜欢痛苦，但不拒绝痛苦。把快乐和痛苦都当作一种感受、一种体验。

人生即体验。

快乐和幸福紧密相连，幸福也是一种满足感，但幸福是一种更长久的满足感，而快乐是当下的即刻的满足感。有些哲学家认为长久的快乐等同于幸福。比如，我想要成为一名大学老师，结果真的成了大学老师，拿到聘书的那一刻我很快乐，接下来的长时间内，我对自己作为老师的人生很满意，觉得很幸福。快乐和幸福好像属于心理层面的感受，却总和身体息息相关，很简单，没有健康的身体，很难感到快乐，也很难幸福。反之，一个人过得不快乐，身体也很难健康。这里可以举一个例子，王阳明有一个学生生病了，他过来问王阳明怎么办。王阳明回答：常快乐。常常快乐，就可以从源头上拥有健康的体魄。

健康和快乐、幸福一样，都是人最基本的愿望。有意思的是，世界卫生组织（WHO）对健康的定义是："健康不仅是没有疾病或不虚弱，而是身体上、精神上和社会适应方面的完好状态。"所以，健康包含了身体、精神和社会适应三个层面。

快乐、幸福、健康三个词虽然有不同的侧重，但含义上相互交织、相互重叠，而在功能上几乎是一致的，表达了人最基本的来自身心的愿望，所以，我们平时给他人最多的祝福就是，祝你快乐，祝你幸福，祝你健康。与此相关，一般人最普遍的问题也是：

如何快乐？如何幸福？如何健康？

当我们不假思索地沿着"如何快乐""如何幸福""如何健康"这样的问题，一路去追求那些让我们快乐、幸福、健康的事物时，往往就会遇到瓶颈。如果卡在那个瓶颈上，执着地沉溺于追求快乐、追求幸福、追求健康的思维惯性中，那么，就会走上一条奇怪的死胡同：越是追求快乐，却越来越不快乐；越是追求幸福，却越来越不幸福；越是追求健康，却越来越不健康。

这个时候，当我们去问"什么是真正的快乐""什么是真正的幸福""什么是真正的健康"，就会把我们带出瓶颈，为人生找到开阔的出口。"什么是真正的快乐"这个问题，前面已经分析过，不再重复。当我们用苏东坡的思路，去分析"什么是真正的幸福""什么是真正的健康"，就会发现，真正的幸福，也是无条件的，真正的幸福，和不幸是一个整体，排除了不幸、挫折的幸福，非常脆弱，不可靠。真正的幸福，并不是一个外在的、我们被动去接受的东西，而是一种主动的我们自己去感受、去创造的能力，所以，严格地说，并没有幸福，只有幸福感，和我们自己对幸福的感知、感觉能力。真正的健康，也是无条件的，和疾病是一个整体，只有接纳了疾病的健康才是真正的健康。真正的健康，是创造生活方式的能力，是面对疾病仍然保持热爱生活的能力。

如何快乐？如何幸福？如何健康？将这些问题综合起来，其实就是"如何享乐"的问题，沿着"如何享乐"的思路，我们会走到一个死胡同，那些痛苦的人生，就是卡在了这个死胡同中，再也没有走出来。如果我们换一个问题，把享乐转化为享受，那么，我们就会豁然开朗，真正明白，人生的问题只不过是：

如何享受生活？

成功：如何成长？

如果说，我们希望快乐，更多是基于自己的身心欲望，那么，希望成功，更多是基于被社会认可的欲望。成功的字面意义是，用自己的力气去完成一件什么事。一般人对成功的解释有两个基本含义：第一是成就事业，古代叫功业，功成名就；第二是实现预期目标。这两个含义是相互交叉的，核心是实现目标，只不过第一个含义偏重于社会地位方面的目标，而第二个含义范围更广。

当我们问"如何获得成功"时，意味着我们很想实现一个目标，这会对我们的人生有推动作用，会让我们的人生朝着一个目标不断前行。美国作家马克·吐温（Mark Twain）说："人一生中重要的只有两天，第一天是你出生那一天，第二天是你找到人生目标那一天。"据说，美国一所大学有一个课题组，做了一个"什么样的人才能获得成功"的课题，调查显示，在他们调查的样本里，3%的人目标清晰且有长远的规划，这部分人最后成了社会精英；10%的人目标清晰，对未来有短期的规划，这部分人成了各行业的成功人士；60%的人目标模糊，对未来也没有规划，这部分人事业平平；27%的人没有目标也没有规划，工作不稳定，人生很失败。所以，目标管理很重要。

有意义的人生，确实有一个总的目标在引领着。我们为了实现那个总的目标，就要设法完成一个又一个小的目标。为了实现目标，就要坚持。就像法国哲学家伏尔泰（Voltaire）说的："要在这个世界上获得成功，就必须坚持到底，剑至死都不能离手。"现代管理学之父彼得·德鲁克（Peter F. Drucker）1954年在《管理实践》这本书里提出了目标管理这种方法，虽然这种方法针对的是企业管理，但对我们个人的人生目标管理同样具有参考价值。德鲁克说："所有企业管理，说到底都是目标管理。"我觉得，我们每一个人的一生过得怎么样，说到底就是看自己人生的目标管理得如何。

德鲁克认为，人并不是有了工作才有目标，而是有了目标才能确定每个人的工作。在我们的一生中，也是一样，并不是你活着就会有目标，而是有了目标之后才能确定你自己如何活着。

人的一生就像种树，而目标就像一颗种子。种一棵树的最佳时间是十年前，其次就是现在。任何时候，如果想成功，就要找到目标，并且朝着这个目标坚持走下去。而坚持下去，就需要自控力和意志力。自控力，是为了达到成功坚决不去做某些事，而意志力，是为了达到成功坚决去做某些事。

目标、坚持、自控力、意志力，这是追求成功的四个重要的关键词，也是追求成功给我们的人生带来的积极意义。但是，在今天，"成功"这个词被解读得有些贬义，而"成功学"更是让很多人反感。这是因为在流行的对成功的追求中，至少存在着三大误区。

第一，当有人问"如何获得成功"时，他其实并没有真正弄清楚成功的含义是什么。他所谓的成功，一是来自攀比，比如，看到邻居买了车，我也要买；看到同学买了房，我也要买。二是来自社会影响，每一个社会，都制定了一套成功的标准，诸如要有房子、假期要去度假等。三是来自某些成功人士的影响，我们把在商业上或其他领域取得成就的人，当作成功人士，于是也想要成为他们那样的人，过他们那样的生活。当你去追求这样的成功时，一定会迷失自己。真正的成功，是自己定义的，是自己发自内心想要追求的东西。你只能成为你自己，不可能成为别人。你的目标必须是你自己内心的目标，那才能带你走向真正的成功。

第二，当有人问"如何获得成功"时，证明他相信世上有一套成功的秘诀，而且很渴望得到这套秘诀。这些成功秘诀往往是所谓的成功人士的成功经验，这些经验，经过粉饰，成为成功秘诀。然而成功并没有秘诀，每一个人的成功经验，都是独一无二的。别人的成功经验，我们只能参考，并不能像公式一般套用。真正的成功经验，都只可意会不可言传。真正的成功，都是一种长期的探索。

苏东坡在《东坡志林》里写过这样一个故事：从前有一位禅师见到桃花而悟了道，于是，大家都以为这就是成功的经验，都跑去看桃花，写诗歌颂桃花，甚至把桃花做成饭来吃。但苏东坡说，就算你吃了五十年的桃花饭，还是不能悟道。唐代书法家张旭，看到挑夫和公主在一条小路上相遇，争着要先过去，因此突然参悟出了草书的气韵。然后，很多想学习书法的人，就每天去路上等着挑夫和公主争路。但这样，又怎么能学好书法呢？

第三，当有人问"如何获得成功"时，往往意味着非此即彼，只能成功不能失败，但正因为如此，焦虑是必然的，浮躁也是必然的。这不是说我们不能追求成功，恰恰相反，有意义的人生是从追求成功开始的，但追求成功，不能只问"如何获得成功"，而是要问自己："对我而言，到底什么是真正的成功？"

当我们思考"什么是真正的成功"时，就会发现，人的一生，不只是一个追求成功的过程，更应该是一个自我成长的过程。因此，我们就会问自己："如何把成功转化为成长？"当我们把成功转化为成长，失败就并不可怕，反而是宝贵的资源；当我们把成功转化为成长，我们的一生，就是开放的、不断学习的一生；

当我们把成功转化为成长，就会回到我们的内心，找到内心真正想要的东西，把这样的东西作为目标，目标就是目的，带着我们像树一样，萌芽、开花、结果。

王阳明、唐伯虎、文徵明，这三个人的经历，对我们理解成功这个概念，也许会有一定的启发。唐伯虎、文徵明出生于1470年，王阳明出生于1472年。当时社会公认的成功就是考上科举，当官。官做得越大，代表一个人越成功。他们三个人年轻时，都在朝着这个方向努力，但都遇到了挫折，或者说失败。文徵明参加了九次科举考试，均落榜。而王阳明和唐伯虎在1499年同时取得了名次，唐伯虎却因为被怀疑舞弊而丧失了科考资格。王阳明虽然考上后很顺利，但没过几年，却因为批评朝政，受到太监刘瑾的陷害，差一点死在狱中，之后一生都仕途不顺。

这三个人追求同样的成功，都遇到了重大挫折。但他们的命运，因为各自对挫折的不同应对方式而完全不同。王阳明虽然也追求当官，但他少年时代就立下了一个伟大的志向，就是要成为圣人，要成就一种圣人的人格。参加科举、当官，不过是手段，读书不是为了当官，而是为了成圣。这是王阳明发自内心的一个人生目标。所以，当他进了监狱，后来逃亡，再后来被发配到贵州龙场，他都没有什么怨言或牢骚，他在逃亡途中，写了一首名为《泛海》的诗，这首诗很能看出他的心境：

险夷原不滞胸中，何异浮云过太空。

夜静海涛三万里，月明飞锡下天风。

这首诗的大意是说，那些艰难挫折，就像飘过天空的浮云，不会影响我，也不会动摇我。在静静的夜晚，我感受到辽阔的海上波涛汹涌，在明亮的月光里，我要乘着天地之间的浩然正气，驾着锡杖，飞越险恶的人间。完全没有个人的小情绪，有的只是自己的使命。

从这首诗的字里行间，我们完全看不出当时的王阳明是在逃亡，反而感受到一股豪迈之气。王阳明到了龙场，那是一个十分偏远的边陲，他却在那里盖了简陋的房子，办起了龙冈书院，弘扬儒家思想，教育下一代。

唐伯虎科举失败、当官无望之后，变得放浪形骸，也写过一首诗，这首诗叫《言志》：

不炼金丹不坐禅，不为商贾不耕田。

闲来写就青山卖，不使人间造孽钱。

这首诗从表面看，好像很洒脱，其实是高级地发牢骚。他把其他人的活法都抨击了一番，意思是他就算当不了官，也不会像有些人那样去修道参禅，或者从事商业或农业，而是靠卖画为生。他觉得别人都在造孽，只有他很清高。如果他真的安于"闲来写就丹青卖"，那么，他的人生也不会太差，成就的是一个伟大艺术家的人生。但偏偏唐伯虎在成功这个概念上，完全摆脱不了当时社会的主流观念，他其实看不起卖画为生。所以，总有一股不甘心积聚在心头，一把年纪了，还要跑到江西投奔宁王，想要做出一番事业，没想到宁王图谋造反，吓得他赶紧装疯卖傻，回到了苏州，继续放浪形骸，五十岁出头就去世了。他的艺术才华越高，越让他愤愤不平，越愤愤不平，就越放纵自己。本来卖画也可以过得逍遥自在，但唐伯虎总觉得卖画得不到他想要的那种尊重和认可，结果把自己弄得很潦倒，自己把自己的一生困在了"落魄文人"的格局里。

　　三个人中最笨的文徵明，反而成就了一个艺术家的人生，活到了八十多岁。文徵明差不多考了九次科举，均落榜，后来在京城谋得一个官职，却发现自己的性格不适合做官，就设法辞职回到了苏州，在苏州以卖画卖字为生。文徵明在追求社会设定的那种成功时，遇到了挫折，但他没有把这种挫折看作不可改变的失败，而是在挫折中，慢慢发现了自己真正喜欢做的事，然后，很坚决地摆脱了社会主流的成功观念，甘愿边缘化，在边缘做自己喜欢的事。

　　很明显，唐伯虎一直没有跳出社会设定的那种对成功的追求，明明是一个艺术天才，却糊里糊涂地走完了失败的一生。而王阳明和文徵明，他们度过的是成长的一生，不管遇到什么挫折，这些挫折都会激励他们更好地成长。虽然他们其中一个立志高远，另一个只想做自己喜欢的事，过好自己的日子，但都彻底把对成功的追求转化为了自我的成长。

与其问：
如何成功？
不如问：
如何成长？

自由：如何按自己的意愿过一生？

自由是什么？

《现代汉语词典》里，"自由"一词共有三个含义：①不受拘束；不受限制。②在法律规定的范围内，随自己意志活动的权利。③哲学上把人认识了事物的本质和奥秘及发展的规律性，自觉地运用到实践中去，叫作自由。

可以自我支配，是自由这个概念的关键。和自由对立的概念，往往是"奴役"。匈牙利诗人裴多菲·山陀尔（Petöfi Sándor）在《自由与爱情》这首诗中，将对自由的渴望表现得淋漓尽致：生命诚可贵，爱情价更高。若为自由故，二者皆可抛。除此之外，还有一个常见的比喻，反映了人们对自由的热爱，就是说鸟儿并不愿意被关在金丝笼里，更愿意在外面自由飞翔，哪怕经受日晒雨淋。

人们都想要自由，但如何获得自由呢？

这要回到自由的基本含义——自主，就是能够自己支配自己的时间，支配自己的生活。能够支配自己的时间，就是自由的人。不想见的人，我能够拒绝，我就是自由的。心理学家爱德华·L.德西（Edward L. Deci）在《内在动机》一书里，对自主有一段解释："实现自主，意味着根据自己的意愿行事，也就是说，凭自己的意志做事，并感到自由。自主行事时，人们完全愿意做他们所做的事情，并且带着兴趣和决心沉浸在做事的过程中，其行为源于他们真正的自我感觉，所以，他们是真实的。相反，受到控制意味着人们在压力下行事。假如人们受到控制，在行动时便没有一种获得个人认可的感觉。他们的行为并没有表达自我，因为自我已经屈服于他人的控制。在这种情况下，我们可以合理地将人们的状态描述为疏离（alienated）。"

德西进一步分析了两种非自主的行为，也就是不自由的行为，他的看法是："在某种程度上，非自主的行为就是被控制的行为，它有两个类别。第一个类别是顺从，顺从意味着做别人要你做的事。第二个类别是反抗，这意味着仅仅因为人们期望你怎么做，你就一定要悖逆这种期望来行事。"

在顺从中，固然得不到自由，在反抗中，也得不到自由。对个人而言，能够实现的自由，是按照自己的意愿行事，因此，真正的问题是：

如何按自己的意愿度过一生？

前面谈到了王阳明、文徵明、唐伯虎这三个人。王阳明是自由的，他不是一个反抗者，他参加了科举，也遵守官场的体制，履行一个官员的职责；但他更不是一个顺从者，他以当圣人的姿态当官，一下子和当时的官场拉开了距离，身在官场，却创造了一个致良知的小宇宙。可以说，王阳明完全按照自己"当圣人、致良知"的意愿度过了自己的一生。文徵明是自由的，他不喜欢官场，但也不故意和官场对着干，而是按照自己的意愿，回到家乡苏州，以艺术创造了自己的小天地。唐伯虎是不自由的，他天性叛逆，却非要执着于当官，遇挫折时愤怒反抗，故意鄙视官场，一遇机会就屈膝求官，一辈子空有一身艺术才华，却在被控制中度过了一生。

近代美国人亨利·戴维·梭罗（Henry David Thoreau），在瓦尔登湖做了一个实验，想尝试一下人能不能过自己想过的生活。梭罗于1837年毕业于哈佛大学。那个年代美国正处于高度商业化的时期，形成了中产阶级，以及中产阶级的"成功人生"模式——稳定高薪的工作，要有家庭，要有房子、车子等，追求成功的生活。但梭罗提出了一个疑问："人们赞美而认为成功的生活，只不过是生活中的这么一种。为什么要夸耀这一种而贬低另一种生活呢？"

他认为,"有人给文明人的生活设计了一套制度,无疑是为了我们的好处,这套制度为了保存种族的生活,能使种族的生活更臻完美,却大大牺牲了个人的生活。可是我希望指出,为了得到这个好处,我们目前做出了何等的牺牲;我还要建议,我们是可以不做出任何牺牲就得到很多好处的"。显然,梭罗认为职业生活,以及社会主流的成功生活,其实是牺牲了个人生活。他也认为人在追求财富的过程里,失去了自己,"等到农夫得到了他的房屋,他并没有因此就更富,倒是更穷了,因为房屋占有了他",生活成了一个沉重的负担。

所以,他没有像他的同学那样,去大城市找高薪的工作,而是回到老家,做了一名中学教师。但他一直在探寻另一种生活的可能。这种探寻持续到1845年,成了一种实际的行动,那一年的7月4日,他决定进入瓦尔登湖,在那里展开一场实验,目的是什么呢?第一,他说,我到林中去,因为我希望谨慎地生活,只面对生活的基本事实,看看我是否学得到生活要教育我的东西,免得到了临死的时候,才发现我根本就没有生活过。我不希望度过非生活的生活,生活是这样的可爱;我也不愿意去修行隐逸的生活,除非是万不得已。第二,他到瓦尔登湖的树林里,不是隐居,不是富裕之后的隐居,而是一个面临经济压力的普通人探索如何自食其力的途径。他想透过这个实验,证明养活自己不需要花费那么多时间,他说,在这之前,我仅仅依靠双手劳动,养活了我自己,已不止五年了,我发现,每年我只需工作六个星期,就足够支付我一切的开销了。当然,这样的前提是降低你的欲望。所以,《瓦尔登湖》第一篇就是"简朴生活",也有人翻译成"经济生活",讲了人所需要的并不多,详细地介绍了他是如何通过简单的劳动养活自己的。这样,可以确保自己的个人自由。谋生不应该是一件苦差事,而应该是一项消遣。梭罗有一个重要的观念,就是不相信为了赚钱就必须做不喜欢的事,或违心的事,他坚信人可以在自己的兴趣和热爱之中解决谋生的问题。

梭罗在瓦尔登湖住了两年两个月零两天,于1847年9月6日离开。不久,由他创作的《瓦尔登湖》一书面市,这本书记录了他两年里的生活情景,那里的风景,那里的人物,还有日常的劳动,都是一些诗意的细节,同时夹杂着对生活的思考。我印象比较深的是,第一,他对大自然的赞美,"只要生活在大自然之间而且还有五官的话,便不可能有很阴郁的忧虑"。当享受着四季的友爱时,任什么也不能使生活成为沉重的负担。第二,他对孤独的享受,他觉得社交往往很廉价,他说:"我爱孤独,我没有碰到比寂寞更好的同伴了。"第三,他对新闻信息的排斥,我们热衷于看各种无聊的新闻,是浪费时间。"拿我来说,我觉得有没有邮局都无所谓。我想,只有很少的重要消息是需要邮递的。我一生之中,确切地说,至多只收到过一两封信是值得花费邮资的。"第四,他对平常生活的赞美,对单纯的劳动的赞美。

当然，贯穿始终的，是他对当时美国主流社会的生活方式的反思，反思人如何不被工作所奴役。他想要展现一种他自己的生活方式。但是，他又再三强调，他并不希望别人模仿他。"我却不愿意任何人由于任何原因，而采用我的生活方式，因为他还没有学会我的这一种，说不定我已经找到另外一种方式，我希望世界上的人越不相同越好，但是我愿意每一个人都能谨慎地找出并坚持他自己合适的方式，而不要采用他父亲的，或母亲的，或邻居的方式。"

梭罗在书的最后一章，对自己的实验做了总结，有这么一段话："至少我是从实验中了解这个的：一个人若能自信地向他梦想的方向行进，努力经营他所向往的生活，他是可以获得通常还意想不到的成功的。他将要越过一条看不见的界线，他将要把一些事物抛在后面；新的、更广大的、更自由的规律将要开始围绕着他，并且在他内心建立起来；或者旧有的规律将要扩大，并在更自由的意义里得到有利于他的新解释，他将要拿到许可证，生活在事物的更高级的秩序中。"

梭罗并非一个逃避社会的人，恰恰相反，他一生都坚持一个道德原则：不向恶势力妥协，这是一种道德责任，也是在行善。更重要的是，梭罗以自己的亲身经历，向我们展示了以自己的意愿去生活意味着什么。

爱：如何去爱？

爱是人类普遍的愿望，但我们对爱的渴望，在美国心理学家艾里希·弗罗姆（Erich Fromm）看来，存在着误区，因为我们喜欢问的问题是：如何被爱？如何惹人爱？男性倾向于问"如何被爱"，意味着如何用自己的成就，也就是地位和财富去吸引异性的爱慕；女性倾向于问"如何惹人爱"，意味着用自己的魅力，也就是美貌和仪表去赢得异性的追求。弗罗姆认为这两个问题，都把爱的问题设想为一个对象的问题。而爱的问题，在弗罗姆看来，更应该是才能的问题，真正的问题是："如何去爱？"

弗罗姆在《爱的艺术》一书里，回答了"如何去爱"这个问题。那么，如何去爱呢？第一步就是要明确：爱是一种艺术。人们的精力都用来学习如何赚钱、如何获得权力，却忘了学习爱的艺术，这是人类精神危机的重要原因。爱，才是回答人类生存问题的唯一合情合理的满意答案。第二步是确认：爱主要是给予，不是接受。什么是给予呢？普遍的误解是给予就是放弃某物，是丧失和牺牲。如果这样理解，给予就是痛苦的行为。对创造性人格的人来说，给予是潜力的最高表现，正是在给予的行为中，体会到自己的强大、富有、能干。给予比接受更令人愉快，这不是因为给予是丧失、舍弃，而是因为我存在的价值正在于给予的行为。弗罗姆引用了马克思的一段话来说明"给予"："我们现在假定人就是人，人同世界的关系是一种合乎人的本性的关系，那么，你只能用爱来交换爱，只能用信任来交换信任等。如果你想得到艺术享受，那你就必须是一个有艺术修养的人。如果你想感化别人，那你必须是一个实际上能鼓舞和推动别人前进的人，你同人和自然界的一切关系，都必须是你的现实的个人生活的、与你的意志的对象相符合的特定表现。如果你在恋爱，但是没有引起对方的反应，也就是说，如果你的爱作为爱没有引起对方的爱，如果你作为恋爱者通过你的生命表现没有使你成为被爱的人，那么，你的爱就是无力的，就是不幸的。"

马克思这一段话，有一个意思是，给予是把自身有活力的东西给予他人，因此给予隐含着使另一个人也成为献出者的意思。这就意味着，爱是创造爱的能力，无爱则不能创造爱。

这是弗罗姆讨论爱的艺术的两个基础理念，沿着这两个理念，他展开了一系列的论证。显然，弗罗姆讨论的爱，不只是男女之爱，而且是一种更深刻的品质和能力，这种品质和能力，不仅可以提升个体的生命，也可以解决人类的种种精神危机，弥合种种裂痕。

弗罗姆讲的爱，让我想起爱因斯坦写给他女儿的一封信，虽然有很多证据证明这封信多半是伪造的，但在我看来，这封信即使不是爱因斯坦写的，也照样打动人心，因为这封信对爱，提出了一种独特的解释：

> 在宇宙中存在着一种极其巨大的力量，至今科学还没有探索到合理的对其的解释。此力量包容并主宰着其他的一切，它存在于宇宙中的一切现象背后，然而人类还没有认识到它。这个宇宙的力量就是"爱"。当科学家们探索宇宙时，他们忽略了这最具威力却看不见的力量。"爱"是光，照亮那些给予和接受它的人；"爱"是引力，它使得人们彼此相吸；"爱"是力量，它把我们拥有的最好的东西又加倍变得更好，它使人类不会因无知、自私而被毁灭；"爱"可以揭示，"爱"可以展现，因为"爱"，我们生存及死去。
>
> "爱"是神明，神明就是"爱"。
>
> 此力量可以解释任何事情，并赋予生命之意义。我们已经忽略它太久了，或许是因为我们惧怕"爱"——这宇宙中人类尚未能随意运用的能量。
>
> 为让人类能了解"爱"，我对我最著名的方程式，$E=mc^2$，做

了一个简单的替换,如我们能认可,从"爱"乘以光速的平方而获得的能量足以治愈这个世界的话,我们将会得出这一结论:"爱"是宇宙中最巨大的力量,因为它没有极限。

人类试图利用和控制宇宙中的一些能量,然而这些能量却被用来毁灭自己。我们现在急需能真正滋养我们的能量。如果我们人类还希望存活下去,我们就应寻求生命的意义。如果我们还想拯救这个世界和这个世界中的生命,"爱"则是唯一的答案!

我们或许现在还无能力制作一个"爱"的炸弹,以消灭正在摧毁这个星球的仇恨、自私和贪婪。然而,我们每个人身上都拥有一个虽小但有威力的"爱"的发动机,这个发动机正等待发射爱的能量。

当我们学会如何给予和接纳这个宇宙的能量,我的孩子,我们将能断言"爱",无所不能的,超越一切,因为它就是生命的全部。

这封信很容易让人联想到科幻电影《星际穿越》。在这部电影中,地球即将毁灭,几位科学家为了拯救人类,去外太空寻找新的适合生存的星球。他们最后到了一个五维空间,在他们要把找到的信息发回地球时,依靠的不是什么高科技,而是男主角和他女儿之间的爱——一个父亲对女儿的爱,一个女儿对父亲的爱,这才是发现宇宙奥秘的真正动力。电影中的女科学家说,我们用理论分析太久了，我要顺从我的心，顺从内心的爱，也许爱更意味深远，爱不是人类发明的，如果爱不是人类发明的，那么，它就是一种强大的宇宙力量。

但我们遗忘了这种力量。

当我们渴望爱，就会去学习如何爱，激活自己爱的能力，这种爱的能力，会唤醒潜藏于我们内心的宇宙力量。

第三章 思维

关注更大的问题，会训练我们养成"破圈"的思维方式。所谓"破圈"的思维方式，就是当我们在思考问题的时候，跳出原有的格局，从一个更大的视角去观察、去思考。

写在前面

　　人的一生，每时每刻，无非在做两件事，一是在想，我们的头脑总是想着什么；二是做，我们的身体，总是在做着什么。由此引申出人生的四个基本问题：想什么？怎么想？做什么？怎么做？这四个问题彼此关联，造就了我们的一生。这四个问题表现在思维上，第一个是因果原则，这是一个基本原则。假如我们不相信因果原则，那么，一切无从谈起，也就不会有这本书。这本书的基础来源于对因果法则的信仰。因果法则的核心是找到真正的原因。在纷乱的现实里，找出因果关系，找到真正的问题所在，找到头绪，通过这一点头绪而解决全部的问题。在因果法则中，最重要的口诀是：因上努力，果上随缘。人生就是不断地因上努力、果上随缘的过程。第二个原则是事实原则，我们需要在纷乱的现实里，还原事实本身，看到真相。人生就是不断地去发现真相的过程。第三个原则叫解决原则，在混乱的现实里，提出问题是为了解决问题。人生就是不断地去解决各种问题的过程。第四个原则叫取舍原则，人生就是在不断地权衡取舍。第五个原则叫"破圈"原则，这指的是，当我们从更高的层面往下看，可以看得更清楚，也可以更容易去解决难解的问题。这五个思考的原则，构成了思维系统。思维系统相当于人生的决策系统。我们常常说，人生在于选择，表面上看，是我们的思维方式在决定着我们的选择。

因果：多问自己"为什么"

多问自己"为什么"

如果你觉得自己的生活好像陷入了某种"解不开，理还乱"的状态，如果你想从根本上去改变自己的生活，那么，应该尝试着安静下来，多问问自己："为什么？"

如果你觉得做事没什么激情，但又好像被环境推着不得不做，那么，你应该尝试着安静下来，多问问自己："为什么？"

沿着"为什么？"这个问题，你会看到各种各样的原因和理由，然后，你会走向内在，最终弄清楚真正的原因和理由。一旦我们明白真正的原因和理由，那么，我们就打开了人生的奥秘之门。

所以，我们要安静下来，经常问问自己："为什么？"

这个问题，是自我觉醒的开始，也是人类文明的开端。美国哲学家朱迪亚·珀尔（Judea Pearl）和美国知名科普作家达纳·麦肯齐（Dana Mackenzie）认为，人类的文明进展，源于我们的祖先提出了"为什么？"这样一个问题：

"因果推断，它本身也并不是什么高科技。因果推断力图模拟的理想技术就存在于我们人类自身的意识之中。数万年前，人类开始意识到某些事会导致其他事的发生，并且改变前者就会导致后者的改变。没有其他物种领悟到这一点，更别说达到我们所理解的这种程度。由这一发现，人类这一物种创造出了有组织的社会，继而建立了乡村和城镇，直至创建了我们今天所享有的科技文明。所有这一切都源于我们的祖先提出了这样一个问题：'为什么？'"（《为什么：关于因果关系的新科学》）

归因能力

也就是说，通过看到的各种现象，能够建立一种因果关系，是人类特有的能力，这种能力叫作因果推断能力，也叫归因能力。虽然每一个人都具有这种能力，但它隐藏在我们的意识里，需要我们通过练习，去激活它。

我们可以反复问自己如下三个问题，在追问的过程里，我们的归因能力会得到提升。

1.是什么造成了我今天这样的状况？

这是一个清理性的问题，不管你在哪一个年龄段，都应该不时地花一点时间，安静地思考一下这个问题："是什么造成了我今天这样的状况？"

思考的时候，要特别注意"归因谬误"，要进一步思索"真的是这个原因吗？"，心理学家提醒我们，我们很容易陷入一种归因谬误——把别人的失败归因于个人品性，而把自己的失败归因于环境、运气；同时把别人的成功归因于运气和环境，而把自己的成功归因于个人品性。

2.如果我当时选择了别的，会怎么样？

这是一个反事实的问题，这个问题是面向未来的，焦点是可能性，并不是要造成后悔的情绪，而是在假设的提问中，体会人生有很多可能性。人是可以选择的，每一个时间点上，哪怕一个很小的选择，都会改变我们的人生。这个反事实的问题，也在提醒我们，并没有固定的因果关系，一个很小的因子改变了，接下来的因果关系链就完全不同了。某种意义上，可以说，我们每一个人都在创造自己的因果关系，我们每时每刻都在重组因果关系。有一个关键点是，我们所创造的因果关系在逻辑上能否自洽。一旦创造了自洽的因果关系，人生就会变得顺畅。

3. 我一定要做这件事吗？

在漫长的一生中，我们要做很多事情，但很多事情我们没有必要去做，所以，应该经常问问自己："我一定要做这件事吗？"史蒂夫·乔布斯说他有一段时间有一个习惯，就是问自己："假如明天我就要死了，我还会做今天的事吗？"这样的一种追问，让他把自己所有的精力都集中在想做而且应该做的事情上。"我一定要做这件事吗？"当我们追问这个问题的时候，其实是让事情和我们的内心建立一种深刻的因果链接。一旦我们做的事情，都是内心真正的愿望，那么，就会有一种生生不息的动因，让事情开花结果。

事实：透过现象看本质

什么是偏见？

我们如何在思考的时候尽可能摆脱自己的偏见？换一种问法，在思考问题、提出问题的时候，怎么样能够让问题带着我们看到真相？怎么样拥有敏锐的洞察力，透过现象看到本质呢？

凡是人，难免有偏见。英国著名哲学家弗朗西斯·培根（Francis Bacon）提出了著名的"四假象说"。大意是指，人活在四种假象里。第一种是"种族假象"，指的是我们每个人都属于一定的种族，而一定的种族会形成集体无意识，这会让我们产生很多偏见；第二种是"洞穴假象"，培根认为，每个人都有"他自己的洞穴"，我们每一个人在成长过程中都会受到家庭、学校、社会环境、生活经验等方面的影响，从而形成了一套个人的偏见；第三种是"市场假象"，指的是我们在与人交往的过程中，由于对语言的理解不一样，会产生错误的认知；第四种是"剧场假象"，指的是我们对传播体系里的知识、信息的盲目相信，对权威和传统的迷信。

美国经济学教授尼尔·布朗（Neil Browne）和美国心理学教授斯图尔特·M.基利（Stuart M. Keeley）提倡批判性思维，又进一步区分了弱势批判性思维和强势批判性思维："如果你利用批判性思维来捍卫自己当前的信念，你就是在使用弱势批判性思维。为什么说这种思维是弱势的呢？因为以这种方式来使用批判性思维的技能，就意味着你根本不关心自己是否接近真理和美德。弱势批判性思维的目的就是坚决抵制和驳倒那些不同的观点和论证，将把那些意见和你不一样的人驳得哑口无言、乖乖认输作为批判性思维的最终目标，会毁掉批判性思维潜在的人道和进步性的特征。相反，强势批判性思维要求我们对所有的主张都提出批判性的问题，包括对我们自己的主张。只有强迫自己批判性地看待初始信念，我们才能保证自己不自欺欺人和人云亦云。抱着初始信念死死不放自然容易，特别是很多人都持这样的信念时更是如此，可一旦我们选择走这条容易的道路，我们就极有可能犯下原本可以避免的错误。"（《学会提问》）那么，怎么样才能够训练自己拥有强势批判性思维呢？英国著名哲学家伯特兰·罗素给出了几个建议。

第一，"如果你一听到一种与你相左的意见就发怒，这就表明，你已经下意识地感觉到你那种看法没有充分理由。如果某个人硬要说二加二等于五，或者说冰岛位于赤道，你就只会感到怜悯而不是愤怒，除非你自己对数学和地理也是这样无知，因而他的看法竟然动摇了你的相反的见解……所以，不论什么时候，只要发现自己对不同的意见发起火来，你就要小心，因为一经检查，你大概就会发现，你的信念并没有充分证据"。

第二，"摆脱某些武断看法的一种好办法，就是设法了解一下与你所在的社会圈子不同的人们所持有的种种看法。我觉得这对削弱狭隘偏见的强烈程度很有好处。如果你无法外出旅行，也要设法和一些持不同见解的人有些交往，或者阅读一种和你政见不同的报纸。如果这些人和这种报纸在你看来是疯狂的、乖张的，甚至是可恶的，那么你不应该忘记在人家看来你也是这样。双方的这种看法可能都是对的，但不可能都是错的。这样想一下，应该能够慎重一些"。

第三，"设想一下自己在与一位持有不同观点的人进行辩论。这同实地跟论敌进行辩论比起来有一个（也只有一个）有利条件，那就是这种方法不受时间和空间的限制……我自己有时就因为进行这种想象性的对话而真的改变了原来的看法；即使没有改变

原来的看法，也常常因为认识到假想的论敌有可能蛮有道理而变得不那么自以为是"。(《如何避免愚蠢的见识》)

挣脱出"偏见"的牢笼

虽然人都有偏见，但有些人对于偏见完全没有察觉，觉得理所当然，而有些人对偏见，不断地保持觉知，总是在努力摆脱偏见。因为对偏见的觉知程度不同，人就有不同的境界。如果我们希望人生的路越走越开阔，如果我们希望自己能够穿透现象看到真相，那么，我们应该时刻保持觉知，不要进入偏见的牢笼。我们应该经常问自己三个问题。

第一，他为什么会这样想？

当我们听到别人的意见，无论多么不赞成，都不要先急着去反驳，而是安静下来，问一问自己：他为什么会这么想？他们为什么会这么想？

弄清楚别人这样想的逻辑，我们会有更多的发现，也能更全面地了解对方。观点背后有更多的真相。还有更重要的，即使是观点完全相反的两方，一旦愿意去弄清楚各自的逻辑，就有沟通的可能。

当我们面对各种各样的不同的观点，不要急于去评判，而要去琢磨一下：他为什么会这样想？这样我们才会真正了解观点的背后到底是什么。观点只是一个表面的东西，这样的观点，那样的观点，是如何产生的，才是有意思的问题。

第二，发生了什么？

当我们的身边出现各种各样的事情，我们应该安静下来，问问自己：发生了什么？这种思维方式叫就事论事。我们没有必要看到有些中国人缺乏公德心，马上就问："为什么中国人没有公德心？"其实真正应该问的是："这个中国人为什么没有公德心？"

很多女人被男人骗了，就仰头问苍天："为什么男人都那么坏？"其实真正应该问的是："为什么那个男人那么坏？为什么我会被这样一个男人骗了？"

中国人、法国人，男人、女人，年轻人、老人，等等。这些全称判断，在我们的个人生活里，使用的时候要特别警惕，因为这些全称判断很容易让我们产生偏见。

当我们问"发生了什么？"时，也是在还原事实。扫除各种遮蔽，回到基本的事实，重新建立一个问题。著名企业家埃隆·马斯克用"第一性原理"这样一个概念，解决了一个问题，"第一性原理"的意思是不应该把已知的信息当作前提，而是应该抛开这些已知的信息，去发现最原初的事实。他举了一个例子：特斯拉汽车所配备的轻型铝车轮，市场售价为500美元，但马斯克从一个基本事实——铸铝的价格是每磅2美元，开始推论，认为这条轮胎的价格，即便加上些成本，价格翻一番，最多也就是100美元。马斯克最终以此确定了新的供应商，大大降低了成本。

第三，换一个角度看，会怎么样？

人都有局限，同样一个问题，如果尝试着从不同的角度看，就会有新的发现。我年轻的时候，喜欢文学，以为文学就是全部，直到有一天，我和一个小贩聊天，突然意识到，这个世界上，文学只是一部分，远远不是全部，有些人，没有文学，也活得很好。文学不是唯一的角度，更加不是一个标准。爱情也是一样的，诗人从审美角度分析，认为爱情是一种浪漫的存在，但医生从生物学角度分析，认为爱情是荷尔蒙分泌的产物，如果我们从人类学和社会学角度对爱情进行分析，又会引出另外的说法。

第四，当他使用这个概念的时候，他想表达什么？

这个问题，提醒我们不要成为概念的奴隶，更不要成为僵化的教条主义的奴隶。有时候人们争吵得一塌糊涂，但稍稍听一下，就觉得很无聊，因为他们的争论缺乏一个前提，就是对概念的界定。比如讨论"一个人过得幸福还是不幸福"这个话题，我们首先要确定"幸福"这个概念的含义，否则，每个人对幸福的理解不一样，就会各说各话。再比如，很多人在争论一个案件中某个当事人的行为到底算不算正当防卫。大多数人一上来就发表意见，很少有人会在发表意见前，去查阅法律文件，了解正当防卫的定义，然后再来论证相关问题。

  日常生活里，我们每天都在不假思索地引用大量的概念，但我们一定要明白，几乎所有的概念，如果我们不去辨别它们的含义，就会不知不觉地被它们带向思维的陷阱。所以我们一定要养成对概念进行思辨的习惯。尤其是我们经常使用的概念，不假思索就使用的概念。随便举个例子，"人"这个概念每天在用，但有没有思考过"人是什么呢？"；再比如，"生活"这个概念，很常用，但"生活是什么呢"？当你去溯源概念的时候，会有很多惊奇的发现。当你进一步思考，你会发现，概念的真正意义，不全在概念的定义中，而是在语境中，同样一个概念，不同的人在不同的场合使用，意思其实并不一样。即使同一个人，有时在不同场合使用同一个概念，都会有微妙的差别。所以，我们应该经常问一问，当他使用这个概念的时候，他真正要表达的意思是什么？

  有一些概念，带有明显的偏见，当我们回应的时候，首先可能要厘清这个概念本身的问题。比如，我曾经被问到"如何看待'剩女'现象"，我的回答是，我们先来讨论一下"剩女"这个概念是怎么产生的。其实，这个词本身代表了一种偏见——女孩子到了一定年龄一定要结婚，不结婚就是可怜的、不正常的。因此，对这样的概念，不仅要保持警惕，还要有所批判。

解决：培养解决问题的意识

在《论语·卫灵公》里孔子说："不曰'如之何，如之何'者，吾末如之何也已矣。"这句话的大意是"遇到什么事从来不说'怎么办，怎么办'的人，我对他也不知怎么办才好"。在这里，孔子讲了一个很普遍的现象，就是遇到事情时，我们常常不会去思考问题出在哪里，尤其不会思考如何解决问题。另一层更深的意思是，在生活中，当我们遇到各种各样的事情，要看到问题的所在，尤其要有解决问题的方法，有了方法之后，更要去实行，去踏踏实实地行动。

平时不爱思考，或者思考了但不去找解决的方法，或者找到了解决的方法却不去实行的人，很难有所成长。所以，孔子说，应该多问自己：怎么办？遇到事情多问怎么办，养成一种解决问题的思路，以及马上行动的习惯。

《箭喻经》里记载了这样一个故事，有个鬘童子拜见佛陀，向佛陀问了十四个问题：

1. 世界恒常存在吗？
2. 世界不会恒常永在吗？
3. 世界既恒常而又不恒常吗？
4. 世界非恒常非非恒常吗？
5. 世界有边际吗？
6. 世界无边际吗？
7. 世界有边际而又无边际吗？
8. 世界非有边际非无边际吗？
9. 生命即自我吗？
10. 生命与自我并非同一吗？
11. 佛死后还存在吗？
12. 佛死后不存在吗？
13. 佛死后存在而又不存在吗？
14. 佛死后非存在非不存在吗？

佛陀听完了他的十四个问题后，告诉鬘童子自己不能回答他的这些问题。鬘童子询问原因，佛陀说："如果有一个人，中了毒箭，结果旁边的人不去救治他，总是探讨这个箭头是什么材质的、射入肉体多深这些毫无意义的问题，岂不是很愚蠢吗？"

中国的禅宗把佛陀的意思发挥到了极致,有一个人问禅师:"什么是佛法大义?"禅师问:"你刚才在做什么?"那人回答:"我刚刚吃完饭。"禅师就说:"那你赶紧洗碗去吧。"

孔子和佛陀,并没有否定形而上学的问题,尤其是佛陀,对形而上学的问题和死后的世界,有很深入的思考。但他们认为不能以形而上学的问题,淡化或者取代眼前迫切的问题。孔子说:"未知生,焉知死。"(《论语·先进》)意思是说连活着的事情都没有搞清楚,没有必要去纠缠死后的事情。又说:"未能事人,焉能事鬼?"(《论语·先进》)意思是说连人都没有侍奉好,哪能去侍奉鬼?所以,"敬鬼神而远之"(《论语·述而》),意思是我们要先把人间的事情弄清楚了,再去考虑死后的事情。换一种说法就是,我们思考死后的事情,是为了活得更好。

在佛陀看来,解脱是最为迫切的问题,一切的思考,应该以是否有助于解脱为核心。佛陀的论述里,还有一个意思,就是世界是不是恒常存在这样的问题,无论你怎么探讨,都不会有明确的答案,如果我们想要得到一个答案,去问这样的问题,那么只会纠缠不清。事实上,关于"死后去哪里""自我是什么"这类问题,在佛陀的思想体系里,都有思考,不过这种思考,不是为了得到一个确切的答案,而是为了打开一扇思想的门,通向解脱的道路,或者这种思考建构了一个话语体系,可以安顿人的身心,帮助人们得到解脱。

所以，我们一定要明白，孔子和佛陀并没有否定形而上学的问题，而是认为，作为现实里的人，首先应该回答的是现实的问题，更确切地说，应该去回答如何解决现实的问题。也就是说，我们在思考问题、提出问题的时候，要有解决问题的意识，不是为了提问题而提问题，问题的意义，在于解决它的过程。否则，就是空谈。

法国现代哲学家雷蒙·阿隆（Raymond Aron），也表达了对这种"空谈"的警惕和厌倦。有一次他和法国哲学家让-保罗·萨特（Jean-Paul Sartre）、法国存在主义作家西蒙娜·德·波伏娃（Simone de Beauvoir）在"煤气灯"咖啡馆闲聊。他们聊哲学、聊人生的意义，但聊着聊着，他突然对萨特说："其实，探究来探究去，我们把时间浪费在了扯不清的问题上，而忘了最重要的问题，就是存在的问题。存在的问题是什么呢？是回到事物本身。怎么样才是回到事物本身呢？比如，此刻，我们没有必要去扯那些很'高大上'但没有什么用的东西，我们不如谈谈眼前这杯鸡尾酒，谈谈这杯鸡尾酒对我自己有什么意义，所有的哲学，其实都在我们眼前这杯鸡尾酒里。"（《存在主义咖啡馆》）

四十年后，当萨特谈到当时听雷蒙·阿隆讲鸡尾酒的感受时，他说："我好像当头挨了一棒。"（《存在主义咖啡馆》）萨特的感受，应该也是我们很多人的感受——我们经常在概念里胡思乱想，却忘了眼前的事实是什么；我们经常在宏大的人生问题里琢磨来琢磨去，却忘了眼前最需要解决的问题是什么。

沿着"怎么办？"这个思路，有两个问题，可以帮助我们增强解决问题的意识。

第一个问题：这个问题可控吗？

这是解决问题的前提，问题必须是可控的，才可能有解决的途径。什么是可控的呢？就是决定权在我们自己，只要我们想做，就能去做。反过来，如果这个问题是不可控的，那么，我们应该把它转换成一个可控的问题。从可控性上去提出问题、思考问题，和前面说过的因果原则可以相互参照。一般而言，真正的原因都是可控的，可控的问题大多是找到了真正的原因。因上努力，果上随缘。比如，很多人常问"如何才能变得富有"这个问题，但其实"富有"只是一种结果，一种不可控的结果。我们真正要问的是，"什么原因会让我变得富有"，然后我们要排除那些不可控的"原因"，比如，中彩票可能是我们致富的原因，但这个原因不是可控的——我们很可能买了一辈子彩票，还是中不了奖。所以，我们要进一步思考，具有什么样的资源，能够使我们赚到钱，这种资源可能是某种技能，也可能是某种品行——这是我们能掌控的。因此，我们要把问题转化为："我如何提升我的某种技能？""我如何自我修行成为具有那种品行的人？"我们只有把"富有"这个果放下，聚焦在技能和品行上的提升，才能真正解决"如何才能变得富有"这个问题。

第二个问题：目前能做的是什么？

这个问题是提醒自己，任何一个问题的解决，都是从当下能做的部分开始的，我们需要立刻跨出第一步。有些问题不一定能够马上解决，我们先放下不能解决的部分，把能解决的部分，哪怕只能解决一点点，先去解决掉。这是一个重要的法则，无论我们遇到多么困难的事情，先问问自己：目前能做的是什么？一旦开始去做，再大的困难，也会一点点化解，办法总比困难更多。我们之所以觉得事情艰难，往往是因为不愿意迈出第一步，不愿意马上去行动。所以，当我们问自己"目前能做的是什么？"，就是在提醒自己赶紧去做。

比如，面对"如何解决被手机绑架"这个问题。首先，我们要从认知层面上去思考频繁看手机的原因。这其实往往是因为两种心理：一是怕错过有用的信息，所以我们不停地看手机，一会儿看看微信，一会儿看看邮箱，一会儿又忍不住去浏览朋友圈或者打开其他的软件；一是因为无聊，比如当我们在排队，或者一个人不知道做什么的时候，总会拿手机来打发时间。明白了这两种心理上的原因之后，我们就可以问自己："假如我不想被手机绑架，目前能够做什么？"如果我们现在正在散步，那么，目前能做的，就是马上不看手机；如果我们现在正在冥想，那么，目前能做的，就是听到手机的铃声，坚决不去接听；如果我们现在在开车，目前能做的，就是听到手机响了，坚决不去接听；如果我们现在在等候飞机起飞，目前能做的，就是宁愿发呆，看周围的人，也不看手机……只要开始这样做，我们就会慢慢养成一种习惯，摆脱对手机的过度依赖。

重要的是不要有任何借口，马上开始改变。

取舍：我要选择哪一个？

如果你觉得自己面对各种选择无所适从，那么，尝试着安静下来，问问自己"我要选择哪一个"，提醒自己做出最合适的选择，并提醒自己这个世界没有完美的选择。你只能选择一个，总会留有遗憾。真正的问题是：你要选择哪一个？

怎么做选择呢？我们经常会用孔子的那句"三思而后行"来告诫自己不要冲动，要想清楚了再行动。虽然这句话确实出自《论语》，但并不是孔子说的。实际上是，一个叫季文子的人遇事总是三思而后行，孔子听说后，就说："再，斯可矣。"（《论语·公冶长》）意思是说，遇事要想三次才决定，想得太多了，考虑两次就可以了。所以，事实上，孔子虽然让人遇事要有所考虑，但不建议考虑得太多，并不赞同三思而后行。为什么想得太多没有必要呢？因为想得太多，会陷入纠结。

我研究生毕业的时候，我的一个同学面临着"去杭州工作还是去武汉工作的选择",面对这两个城市之间的选择,他很犹豫,见到相熟的人,就要和对方讨论到底应该选择去哪座城市工作。结果,他经常是今天决定去武汉,明天又觉得去杭州好,还要拉着同学帮他出主意,最后,谁见了他都躲着他。最终,他在纠结中去了武汉。过了三年,我有一次偶然在杭州碰到他,他说自己到武汉之后就后悔了,那里的气候太差,人际环境也不好,又设法调到杭州。但两年后,这位同学又后悔来杭州了,于是他又去了广州。后来听别的同学说,他不停地在换单位、换地方,这个同学一辈子都在纠结中糊里糊涂地过去了。

我这位同学致命的误区是,他要在这两座城市里选择出一座更好的城市,这是非常困难的事,因为标准稍稍改变,结果就会不一样。我这位同学忽略了一个基本目的——去哪里工作,严格地说,不是在选城市,而是在为自己的事业选一个落脚的地方。所以,要做的,不是在两个或三个城市之间做选择,而是要弄清楚自己对未来人生的期许是什么,然后再分析哪个城市的资源更适合发展自己未来的事业。

如果以事业为重,那么,就评估一下哪座城市的资源有利于自己的事业;如果以生活为重,那么,就评估一下哪座城市的自然条件更符合自己对美好生活的期待。

所以,面对难以选择的问题,我们要想解决内心的纠结,第一个要点是,回到"目的"这个原点上,问问自己"我的目的是什么？""我的目标是什么？"，还要考虑有没有第三个选择。所谓难以选择，就是这个选择会产生重大影响，甚至会影响到我们的命运。但核心是我们要明白自己的目的是什么，如果不明白目的，就会像我那位同学一样，一会儿觉得杭州的风景好，一会儿觉得武汉的交通方便，纠缠在细枝末节里。

第二个要点是，要养成一个习惯，学会区分什么是重要的事情，什么是无关紧要的事情。其实，很多选择是浪费时间，因为不会产生严重的影响，比如，今天穿什么衣服？去哪儿吃饭？有些人在这些无聊的事情上纠结，夫妻之间甚至因为这个发生争吵。遇到这些事情，应该随意选择。人生太短了，我们要做的事情太多了，没有必要去操心这些无关紧要的事情。

第三个要点，在我看来，也是最重要的一点，是要懂得舍弃。很多时候我们之所以纠结，是因为我们什么都想要。我那位同学是想要武汉和杭州这两座城市对应的两个单位的所有好处，但到了最后他好像都失去了。有些女孩子选男朋友时拿不定主意，这个男孩子的优点想要，那个男孩子的优点也想要，结果在优柔寡断、犹犹豫豫之中失去了最想要的。实际上，我们不可能得到一个完美的人，对方的优点，往往也意味着对方的缺点，只是取决于我们认为哪一点对自己更重要。

第四个要点是，决定了就不要再后悔。美国社会心理学家利昂·费斯廷格（Leon Festinger）在认知失调理论（Cognitive

Dissonance Theory）中指出，人们一旦做出一种决定，就会立刻把注意力投放在已选选项的不好的方面，以及放弃选项的好的方面，这很有可能会导致对选择的"后悔"。也就是说，行动会比不行动更容易出现"后悔"的状况。就像作家钱锺书说的，作家对自己没有写出来的作品，总是觉得是最好的。而追不到的恋人，也往往比追到的恋人更好。所以，当我们一旦做出决定，就要完全投入已经决定的选项当中，把没有选的那个选项忘掉。

如果实在难以选择，要么不做选择，把问题搁置一段时间，也许答案自己会浮出水面；要么用一个最后期限来逼迫自己做出选择。总之，不能让自己陷于纠结，再糟糕的选择也比陷入纠结要好。荷兰阿姆斯特丹大学的一个社会心理学研究团队，曾经在2009年发表的研究报告中探讨纠结感的源头。他们利用皮电测量技术测量大学生们在面对矛盾纠结情境时的情绪生理唤起程度，发现矛盾纠结情境的确会诱发负面的情绪反应。

有两个问题我们可以反复问自己。

第一，对我来说，哪一个是最重要的？

这是一种排序练习，也是一种舍弃的练习。想要稳定，就要放弃自由；想要自由，就要放弃稳定。得到了什么，一定会失去什么。苏东坡把这个道理写透了："人有悲欢离合，月有阴晴圆缺,此事古难全。但愿人长久,千里共婵娟。"(《水调歌头·明月几时有》)很多时候,我们活在世界上,就是在权衡利弊,两害相权取其轻,不可能什么都得到。

第二,哪一个适合我?

我们总会习惯性地去问哪个选择是最好的。其实,没有最好的选择,只有合适、不合适的选择,合适的就是好的选择。最好的单位,不一定适合我;最好的学校,不一定适合我的孩子。

"破圈"：提出大问题

"破圈"的问题，最典型的就是像"宇宙的尽头在哪里？"这一类问题。这类问题没有什么实用性，也很难有答案，但是，这类问题赋予我们超越性。第一，会让我们从环境的局限里跳出来，看得更远；第二，就人类整体而言，这类问题引发的无限的探索精神，推动着人类科技，乃至文明的发展；第三，思考这类问题，具有极强的治愈效果，能够让我们很快就看淡生活里的烦恼和痛苦。

总的来说，这样的问题，会让我们看到更大的图景。"一旦你看到更大的图景，你的生活就会改变。"这句话是一位名叫埃德加·米切尔（Edgar Mitchell）的宇航员说的。1971年，阿波罗14号飞船抵达月球，埃德加·米切尔是三位宇航员中的一位，在返回地球的途中，他比其他宇航员有更多的时间往外看，在往外看的过程中，他体验到了一种奇妙的感受。回到地球之后，他去请教美国布朗大学的人类学教授，教授对他说这种奇妙的体验是佛教中的"三昧体验"。1973年，埃德加·米切尔成立了思维科学院，致力于探索和推广人类意识的扩展。埃德加·米切尔从人类文化史的角度，考察他自己经历的体验，认为一旦你看过更大的图景，就不会像过去那样生活了。我们很难像埃德加·米切尔那样去月球旅行，但是，我们可以透过大问题，让自己的心看到更大的图景。英国著名科学家斯蒂芬·霍金（Stephen Hawking）所著的《十问：霍金沉思录》里面第一篇文章就叫《我们为什么必须问大问题？》。斯蒂芬·霍金给出的理由很简单："当我们从太空回望地球，我们将人类自身视为一个整体。我们看到了统一，而不是分裂。就是这样简单的图景，它传递出撼人的信息：一个人类，一个星球。"

斯蒂芬·霍金的意思是，当我们提出大问题时，就不再是孤立的个体，而是融入了整个人类和整个宇宙之中。我们每一个人不过是人类的一个部分，宇宙的一个元素。斯蒂芬·霍金提出的大问题是：上帝存在吗？一切如何开始？宇宙中存在其他智慧生命吗？我们能预测未来吗？黑洞中是什么？时间旅行可能吗？我们能在地球上存活吗？我们应该去太空殖民吗？人工智能会不会超过我们？我们如何塑造未来？

斯蒂芬·霍金的问题，好像和我们的实际生活没有什么关系。但在我看来，关注这些问题，会训练我们养成"破圈"的思维方式。所谓"破圈"的思维方式，就是当我们在思考问题的时候，跳出原有的格局，从一个更大的视角去观察、去思考，比如，婚姻的问题很难在婚姻内部解决，跳出婚姻来看待婚姻，婚姻的问题可能就不是一个问题；自己的单位的问题也很难在单位内部解决，跳出单位来看待单位，单位的问题可能就不是一个问题；社会的问题很难在社会内部解决，跳出社会来看待社会，社会的问题可能就不是一个问题；人类的问题很难在人类内部解决，跳出人类来看待人类，人类的问题可能就不是一个问题。这是一种递进式的思考方法。

日常生活里，我们可以经常问问自己以下三个问题，这三个问题可以帮助我们不再困在某个环境里，从而拥有更广阔的视野和更广阔的人生。

第一，人类是从哪儿来的？

这个问题就算我们查遍所有的科学、宗教、哲学类书籍，都不会得到确切的答案。如果说，人类是从猿猴进化而来，猿猴是从细胞进化而来，那细胞又是从哪儿而来呢？假如细胞从宇宙大爆炸而来，那么，宇宙大爆炸之前从哪儿而来呢？又如果说，是上帝创造了人类，那么，上帝又是从哪儿来的呢？最初的最初，好像不可知。所以，这个问题引导我们进行对本源的认知，同时可以让我们感知到任何事物都有源流，不是凭空而来。这个世界上没有无缘无故的事,也没有孤立的、偶然的存在,没有孤立的人,没有孤立的国家,没有孤立的星球,也没有孤立的宇宙。而是相互之间彼此联结,变幻莫测。而当我们试图从源头去寻找的时候,即使最初的最初不可知,但也总能看清当下的一些事。

第二,时间到底是什么?

这个问题也没有答案。但时间对我们而言,是一个根本性的存在,或者说,是我们存在的一个最基本维度,是最大的奥秘。我们在时间之中,或者,时间在我们之中。谁知道呢?意大利物理学家、作家卡洛·罗韦利(Carlo Rovelli)说:"时间之谜一直困扰着我们,激发强烈的情绪,滋养了许多哲学和宗教。"(《时间的秩序》)当然,包括爱因斯坦在内的很多物理学家都认为时间是虚构的,并不真正存在,这确实给我们带来一种解放的感觉。

第三,一百年后这个世界会怎么样?

这个问题当然也没有答案,但会让我们摆脱现实的困扰,一旦我们想到一百年后的世界,现在的很多难题,会变得简单,会得到某种治愈。当然,这个问题还有实际的作用,就是对未来趋势的观察和评估,这是向未来提问,不会有确切的答案,但会让你的心向未来敞开。一旦你的心向未来敞开,你的未来会出现意想不到的收获。

第四章 心理

你的心要保持一种觉知，不要让外界的任何东西，也不要让你头脑里的任何东西，把你的心带走。这个世界上什么也留不住，但你可以留住你的心。

写在前面

那么，思维方式的背后，是什么在起作用呢？是感觉、欲望、目标、情绪、意义、天理六种元素构成的心理系统在起作用。感觉是自身和外界产生关联，欲望形成了人的意志，是一种想要获得什么的冲动和能量。目标是确定了方向。在为了实现目标而努力的过程里，会产生情绪的干扰。意义和天理，是为了平衡情绪的干扰，同时，意义和天理，也会不断修正我们的感觉、欲望和目标。从感觉到天理，这六个心理元素并不是一个简单递进的过程，而是同时发生的循环往复的复杂运作系统。

感觉：这是不是错觉？

感觉可以说是最基本的心理活动，也可以说是生活的基本面。无论你是什么样的人，无论你有多高深的智慧，无论你有多少财富，你都无法回避"感觉"这个基本面，视觉、听觉、嗅觉、味觉、触觉，五种基本感觉，时刻围绕着你。你只能自己面对和经历，也只能自己感受，没有办法和他人分享，这是一种隐秘的个人化元素。

那么，什么是感觉呢？感觉的关键是刺激，刺激什么呢？刺激我们的身心。也就是说，感觉是我们的身心受到刺激之后，做出的回应。或者说，感觉是我们的身心和别的什么东西发生联系之后，产生的初级反应。这种刺激有两种，第一种是外界的刺激，比如现在，我在写文章，外面突然狂风暴雨，窗子外的雨水被吹进了书房，我的手感受到了雨水，身体感受到了凉飕飕的风，这种外界引起的刺激，可以说是一种触动。身心和外界只要发生联系，都会带来感受。第二种是内部的刺激，比如，我在写文章，突然想起明天要交房租了，但我却没有钱，我的心情一下子就变得很沮丧。这种内部引起的刺激，可以说是一种想象。

想象和触动，是一切心理活动的开始。"想"这个汉字，上面是一个相貌的"相"字，下面是一个"心"字，意思是这个形象不是来自当下看到的事物，而是从心中冒出来的事物，是无中生有。但真的是无中生有吗？不是，其实，这些冒出来的想象，来自自我的无意识，还有情结，它只是沉淀在我们的心里，我们平时没有觉察，但有时候它们会突然冒出来。夜晚做梦，白天想象，就是常见的它们冒出来的形态。

想象是我们对现实的重组，把现实纳入我们自己的体系。有时候，想象是一种直觉，直接从潜意识和心里冒出来，没有任何外在的依据和逻辑的依据，却带来某种深刻的真相。对想象的观察，是在练习对直觉的挖掘和运用。

我们需要辨别两种想象，一种想象是幻想，幻想是对现实的扭曲，是为了逃避现实，虚构了另外一个现实，让自己躲在那里，这就是所谓的白日梦。比如，一个穷人总是幻想自己得到了什么法术，可以想要什么就要什么，或者，突然有一天出现一位贵人，来帮助自己。总之，他总幻想着有奇迹出现，让自己的生活得到根本改变。一个人如果总是沉迷于幻想，会渐渐和现实脱离，这也是精神病的一个很重要的缘由；另一种想象是梦想，梦想虽然也是对现实的扭曲,却是一种正向的扭曲,表达的是想让现实变得更美好的愿望。英国著名男歌手约翰·列侬(John Lennon)有一首特别有名的歌叫《想象》,讲的就是梦想,最后一段歌词是:

> 想象一下所有的人们,分享着同一个地球。
> 你可以讥笑我的梦想,做梦的我并不孤独。
> 有一天你会跟我一起,让世界拥有同一个梦想。

触动发生的过程,首先是采集信息,信息进入感受器后会形成能量,然后是转换,把形成的能量转换为神经冲动,这是产生感觉最关键的一个环节。接着是把信息传到大脑皮层,对信息进行选择加工。最后是在大脑皮层的中枢区域,把被选择的信息转化为强度不同的感觉。具体地说,眼睛和眼睛所看到的物体一旦接触,就会引起感觉;耳朵和耳朵所听到的声音一旦相遇,就会引起感觉;鼻子和鼻子所闻到的气味一旦相遇,就会引起感觉;舌头和舌头所品味到的味道一旦相遇,就会引起感觉;身体和身体所接触到的事物一旦相遇,就会引起感觉。

有一种触动是我们忽略的,就是我们身体内部的蠕动也会触动我们的神经,产生感觉。我们可以经常感觉一下自己的身体内部,体会一下会有什么感受。一般而言,所有的疾病,都是细菌或病毒在体内活动的结果;如果深入观察,我们可以觉察到这种内部的细微变化,从而更好地了解我们自己的身体。

感觉的特点在于,一些刺激能够引起我们的感觉,而另一些刺激不能引起我们的感觉。比如,噪声很容易引起我们的感觉,在安静的车厢里,两个人细声细语地交谈也能引起我们的感觉。但在嘈杂的街边,即使有人大声说话也不会引起我们的感觉。有时候,陌生的东西会引起我们的感觉,但对熟悉的东西,我们往往就熟视无睹,麻木了。

由这个特点,带来了感觉的第二个特点,就是建构性。感觉对刺激的回应,不是被动的,而是建构的。也就是说,我们只看到我们想看到的事物,只听到我们想听到的声音……在感觉中,我们已经把世界、现实过滤了一遍,构建成了自己想要的样子,或者说构建成了自己能够理解的样子。

"感觉"被固定在某种本能的反应或惯性里面,这是它最大的特性。我们不知道自己在感觉,不知道从开始感觉的那一刻,就已经充满各种我们可以选择的歧路。但我们一开始就放弃了这种细微的选择,听任"感觉"成了一种惯性。这是人生很多问题的开端。感觉的本质,是生机勃勃,是无限的敞开。我很喜欢顾城的一首诗,就叫《感觉》:

天是灰色的,

路是灰色的,

楼是灰色的,

雨是灰色的,

在一片死灰中,

走过两个孩子,

一个鲜红,

一个淡绿。

在这首诗中,从视觉上看,一片灰色,连雨都是灰色的,灰色淹没了一切。雨的声音,也听不到了,一片死灰。然后,走过两个孩子,就有了声音和动态,一个孩子是鲜红色的,一个孩子是淡绿色的,一下子,死灰的感觉消失了,感觉又回到了感觉本身——生动、鲜活、明亮。陷入日常生活的生命,也常常陷入一片灰色,需要我们的感觉去唤醒两个孩子,一个鲜红,一个淡绿。

感觉的层面我们很少提问。在感觉这个层面,有一个问题被我们忽略了,那就是:"这是不是错觉?"

为了让感觉保持敏锐,我们可以经常问自己以下三个问题。

第一,我是不是还有梦想?

"梦想"这个词,现在变得有点庸俗,但是,没有梦想的人生,就好像没有了翅膀。虽然这个比喻很平庸,但梦想却让我们超越平庸。我们应该经常问一问自己:"我是不是还有梦想?"这是在感觉里,种下愿望的种子。至于开出什么花,就交给时间。时间会回答一切。用"实现"这个动词来完成梦想,是把梦想贬低成了目标。梦想不是目标,而是一颗种子,一颗带来无穷力量的种子,这颗种子会改变我们自己,改变这个世界。

第二,今天是什么带走了我的心?

这个问题提醒我们,无论我们遇到多么开心还是多么难过的事,这些都是一种感觉,你的心要保持一种觉知,不要让外界的任何东西,也不要让你头脑里的任何东西,把你的心带走。这个世界上什么也留不住,但你可以留住你的心。但我们常常徒然地执着于那些留不住的东西,而且,我们常常在执着中把自己的心弄丢了,却忘了最宝贵的是我们的心。如何不让我们的心被带走?最简单的方法就是呼吸。每当有情绪的干扰,回到呼吸,专注于呼吸。久而久之,改变就会发生。

第三,这是不是错觉?

这个问题是在提醒我们,感觉常常是错觉。现代心理学大量的实验表明,感觉阶段我们感受到的,往往不是客观的现实,而是错觉的现实。甚至可以说,日常生活就是由错觉组成的。比如,我们每天看到太阳出来了,太阳下山了,其实是位置错觉。如果我们的感觉是一种错觉,那么,我们为什么要受它的困扰呢?

欲望：是欲望还是需求？

什么是欲望？

我们讨论第二个心理元素：欲望。当我们安静下来，回到呼吸，感受一下：欲望是什么？我们在前面所讲的感觉，指的是身心受到刺激后发生感应。欲望比感觉更进了一步——对刺激产生了喜欢、意志。看到美女，我们感觉对方很美，我们的内心感到愉悦，这些只是感觉，如果我们想要和她约会，想要去追求她，这就是欲望。当我们的心里冒出一个和成功有关的念头，假如只是一个念头，那么，这只是感觉，但假如我们想要去赚钱，获得成功，那么，这就是欲望。

安静下来，仔细观察，每时每刻，我们都会产生欲望：想要去吃江浙菜，想要减肥，想要买一台苹果电脑，想要向一个女孩子表达爱慕之情，想要去巴黎，想要去爬山，想要成为一个

"网红"……

　　人类最基本的欲望有两种：性欲和食欲。这两种欲望都是人类得以延续的动力，所以，古人说：食色，性也。对食物的欲望和对性的欲望，是人的本能。以这两种基本欲望为核心，人类在精神层面和物质层面，延展出各种各样、几乎无穷无尽的欲望。

　　美国近代社会心理学家亚伯拉罕·H.马斯洛（Abraham H. Maslow）的需求层次理论，最广为人知。按照马斯洛的划分，人有五个需求层次，分别是生理需求、安全需求、社交需求、尊重需求和自我实现需求。这里的"需求"可以看作"欲望"的一个同义表达，也可以换一种说法，马斯洛这里用的"需求"，包含了"需求"和"欲望"两种含义。当然，也可以说，"欲望"这个词在使用中，也包含了"需求"和"欲望"两种含义。

　　生理层面的需求，主要指人的一生，需要食物、性、空气、水等能基本维持生命运转的资源；安全层面的需求，主要指人的一生需要稳定、安全的环境，需要受到保护、有秩序、免除恐惧和焦虑，等等；社交层面的需求，主要指人的一生需要归属感和爱；尊重层面的需求，主要指人的一生需要尊严、成就，也包括需要尊重他人的名誉、地位；自我实现层面的需求，指的是人的一生需要实现自我的能力和价值。后来，马斯洛在此基础之上又增加了"认知需求"和"审美需求"两种需求。

　　但不管怎么细分，欲望的本质不会改变。欲望的本质是对象成为需要得到的焦点,是不是能够得到这个焦点,是不是能够满足欲望,成为人是否快乐、是否幸福的最重要且几乎是唯一的指标。某种意义上说,人活着,不过是为了满足各种欲望。仔细想一想,无论我们做什么,都是为了满足某种欲望。你可能会说,不是吧,有时候我们做的事情并不是为了达到某个目的,比如,发呆。但发呆也是在满足我们的欲望,什么欲望呢?打发时间或者是想避开人群让自己安静地待一会儿的欲望。所以,人生的河流,不过就是欲望的河流。

欲望的本质带来两个问题。第一,在为了得到对象的过程里,我们成了对象的奴隶。用更专业一点的词语说,这种状态叫作异化。古人用"心为形役,尘世马牛;身被名牵,樊笼鸡鹜"(《小窗幽记·集峭篇》)这句诗来形容这种状态,大意是,如果对物质和名声的欲望支配了我们的身心,那么,我们就像在尘世奔波的牛马和被关在樊笼里的鸡鸭一样。实现欲望本来是为了快乐,但往往带来失去自由的痛苦,人变成了工具。第二,欲望满足了之后,我们应该感到快乐,但是欲望是一个很奇怪的东西,满足了当下的欲望之后,一定会有新的欲望。所以,当欲望得不到满足时,我们会感到痛苦,当欲望得到满足后,我们还是会感到痛苦,这种痛苦里还多了一丝空虚。

因为这两个问题,"如何满足欲望?"的问题又延展出"如何处理欲望?",确切地说是"如何平衡欲望?"的问题。极端的做法有两种,一种是纵欲,不断地去满足欲望,通过"满足"来解决欲望,形成一种享乐主义的人生态度,今朝有酒今朝醉,"持杯月下花前醉。休问荣枯事!"(《虞美人·持杯遥劝天边月》)。但纵欲带来的是更多的烦恼。另一种是禁欲,很多宗教,都不同程度地信奉禁欲,完全克制欲望,但禁欲带来的是压抑。如果我们不能理解欲望,总想用扭曲、压制的方法解决欲望的问题,那么,就永远不能从桎梏和恐惧中解脱出来。

是欲望还是需求?

真正的解决之道,是走中间道路。关于欲望,真正的问题只有一个,就是当我们要去满足欲望的时候,问一问自己:这是欲望还是需求?这个问题把欲望做了区分,一种是需求性的欲望,不妨叫"需要";另一种是想象性的欲望,不妨叫"想要"。当我们"要"什么的时候,问一问自己:是"需要"呢,还是"想要"?

什么是"需要"?饿了,要吃饭,这是基本的生理需求,是"需要";什么叫"想要"?嘴巴馋了,想要吃美食,这是"想要",而不是"需要"。饿了,当然要吃,要满足生命的基本需求;嘴巴馋了,挖空心思去找各种美食,满足自己的口欲,就不是必需。这是区别"需要"和"想要"的第一种方法。

第二种区分的方法,是以社会标准和自己的内心作为标杆。

当我"要"的时候，问一问自己：这是社会要求我做的，还是我自己内心要求我做的？我还在高校里工作的时候，放弃了很多评选，这类评选可以让我得到某些项目，获得某种荣誉。我为什么要放弃呢？因为我觉得自己已经在高校任职，目前所得到的一切已经足够我维持在这个社会中的正常生活，我不应该再去做自己不太喜欢的事。

所以，我每一次都会问自己：这是我自己内心需要的吗？每一次这样问的时候，我都会选择放弃，不断地放弃，最后连高校的工作都放弃了，完全专注于自己喜欢的事。当我们不断满足社会要求我们做的事，很多时候不过是在满足我们的虚荣心；而当我们不断满足自己内心真正想要的、真正喜爱的事，我们才是在不断实现自己的价值，也才能获得真正的成就感和自由。

第三种区分方法，是以头脑和心作为标杆——这种"要"是来自头脑的欲望，还是来自心灵的追求？当我们喜欢上某个人，问一问自己：这是多巴胺在起作用，还是爱的召唤？头脑制造的欲望，需要节制；心灵产生的追求，可以去展开。如果我们能够观察自己的欲望，弄清楚自己的欲望是什么，弄清楚这是欲望还是需求，那么，欲望就很美丽，就像穆旦《春》中的诗句：

> 如果你是醒了，推开窗子，
> 看这满园的欲望多么美丽。

目标：你真正想要的是什么？

什么是目标？

《现代汉语词典》里对"目标"这个词的解释是这样的：①射击、攻击或寻求的对象；②想要达到的境地或标准。很明显，目标是紧随着欲望而来的。欲望一定有对象，当这种对象变成一个我们设法想要谋取的东西时，它就成了目标。目标是选择之后的欲望。目标就是我们决心去满足或实现的欲望。确切地说，目标是过滤后的欲望。目标是把欲望转化为现实的手段。

人的一生，就是一场达标比赛。从小学到中学到大学，我们一场考试接着一场考试，从我要考及格到我要考上大学，再到毕业后我要找到一个好的工作；当我们走出学校，从科员到科长再到处长，从恋爱到婚姻，从租房子到买房子，从骑自行车到开汽车……一个目标接着一个目标。在现代社会，表面看来，几乎所有人的目标都是一样的，但在桥水基金创始人瑞·达利欧（Ray Dalio）看来，这些并不是真正的目标。

那么，什么是真正的目标呢？真正的目标是我们真正想要的东西。那什么是我们真正想要的东西呢？瑞·达利欧只是笼统地讲了要把目标和欲望区分开来，他举了一个例子，如果你的目标是减肥，那么，总想多吃一点东西的欲望就是一个障碍，那你就得放弃多吃一点的欲望。瑞·达利欧好像把非理性的欲望，排除在真正的目标之外。他还特别提到"把赚钱作为你的目标是没有意义的，因为金钱并没有固有的价值，金钱的价值来自它能买到的东西，但金钱并不能买到一切。更聪明的做法是，先确定你真正想要什么，你真正的目标是什么，然后想想你为了达到这些目标需要做什么。金钱只是你需要的东西之一，但当你有了实现你真正想要的东西所需的金钱时，金钱就不再是你唯一需要的东西，也肯定不是最重要的东西"（《原则》）。

他讲得很笼统，不太好把握。我在关于"欲望"的那个小节里，把欲望和需求做了区分，我们可以重温一下那个小节，如果我们真正弄清楚了哪些是欲望，哪些是需求，那么，就可以回答瑞·达利欧的问题——什么是我们真正想要的东西？我们真正的目标是什么？

一旦我们明确了真正的目标，人生确实变得很简单，我们只要朝着那个目标走就可以了。瑞·达利欧说，用五个步骤，就可以实现我们的人生愿望。"个人进化过程通过五个不同的步骤发生。如果你能把五件事做好,你几乎肯定可以成功。这五步大概是:1.有明确的目标。2.找到阻碍你实现这些目标的问题,并且不容忍问题。3.准确诊断问题,找到问题的根源。4.规划可以解决问题的方案。5.做一切必要的事来践行这些方案,实现成果。"(《原则》)

为什么有些人很努力,但过得并不愉快,即使获得一点成功,也很辛苦。问题出在哪里呢?其实在于他们的目标出现了问题,他们往往把考上什么大学、赚到多少钱、混到什么级别的官职作为目标,但忘了真正的问题是——自己真正想要的是什么?真正的目标是什么?

目标是方向,方向错了,再努力也没用。一旦我们确立了真正的目标,那么,没有什么能够阻止我们成功。这听起来虽然很动人,但仍然有问题,因为知道自己真正想要的东西,并不是一件容易的事。但我们可以用最简单的"死亡觉知法",来确定这一点。假定我们还能活一百年,想一想,我们想做什么?一直类推到,假定我们只能活一天,我们会做什么?这种训练,可以有效地帮助我们在短时间内找到自己的人生目标,规划好自己的一生。

我们还可以从层次的角度,更深刻地理解目标这个概念。明代思想家王阳明小的时候,老师对他说读书是为了考试、当官,但王阳明认为人生的目标应该是做圣贤。但后来随着年龄的增长，王阳明也认为应该参加科举考试，也应该去当官。这里面有一个层次的问题，我们活在这个世界上，首要目的是生存，所以我们会有很多功利的目标，比如要通过某种考试，找到某份工作，赚到一定的钱，等等。但在王阳明看来，仅仅实现这些功利的目标是不够的，还应该有价值观方面的目标——我们想成为一个什么样的人。在王阳明看来，当我们确立了这样一个目标，功利性的目标才是有意义的。

所以，我们在确定目标的时候，应该有层次，而不是简单设定一个单一的目标。确定目标大概的脉络是这样的：我想成为一个什么样的人？我想拥有一种什么样的生活方式（一种能够让我成为我想要成为的那种人的生活方式）？为了实现这样一种生活方式我该制定怎样的学习目标（建立自己的知识结构）？为了实现这样一种生活方式，需要多少金钱？为了实现这样一种生活方式，我该如何设定职业目标？为了实现这样一种生活方式，我该如何设定婚姻目标？等等。以这样一种角度去提出目标，比"我真正想要的是什么？"更有操作性。

目标的本质

目标的本质，就是以量化的方式，激发我们的潜能，达到你真正想要的。方向和完成，是目标的两个关键词。目标是方向，目标是完成。所以，目标应该是触及内心深处的，是很感性的，但又必须是可以量化的、可以实现的东西，否则，目标就没有意义了。简单归纳来说就是，最低级的目标，是社会化的目标，或者把"想要"的欲望当作了目标，低级的目标，但这些并不是真正的目标。所以，我们应该经常问自己真正想要的是什么？为了回答"我真正想要的是什么"这个问题，我们应该回到源头，去弄明白自己想成为一个什么样的人。一旦明白了自己想成为什么样的人，我们就把人生的所有关节打通了，即使赚钱这样的事，其实也是可以作为目标的。所以，关于目标，真正的问题只有一个："我想成为一个什么样的人？"另一个关于目标的问题是："我完成今天的目标了吗？"再伟大的人生目标，也要靠日积月累的努力，才能达成，所以，我们要养成一个习惯，每天检查一下，是不是完成了今天的目标。

情绪：当情绪出现，我该怎么办？

什么是情绪？

情绪是什么呢？有人把它解释为各种感觉的综合，也有人把它解释为："一般机体的骚扰。"这个可以从"情绪"这两个汉字的写法中感到。左边一个"忄"，右边一个"青"字，组合成了"情"字。青是一种介于绿色和蓝色之间的颜色，有时候也指黑色，所谓"朝如青丝暮成雪"（《将进酒》）——早晨时，头发还是黑色的，晚上就变成白发了。这句诗一般用来形容人生的短暂。青这种颜色，介于黑色和白色之间，给人心理上的感觉，介于明亮和阴郁之间。绪，指丝线的头，像是在牵扯什么，一牵扯，就很乱。所以，就字面而言，情绪意味着内心受到牵扯而变幻莫测。

中国古代思想家朱熹说："性是未动，情是已动，心包含已动未动。"(《朱子语类·卷五·性理二》)这句话的意思是说，人性有两个基本，一个叫作性，是不动的，一直就在那里；一个叫作情，是动态的，一直在变化。而这两个基本点背后，是心在运作。中国古代有一个叫尹喜的人，说过这么一句话："情，波也，心，流也。性，水也。"（《文始真经》）这个解释里，性就是常态，就像是水，平时是平静的。而心相当于能够使得水流动的力量，叫作"心流"。"心流"起作用后，呈现出来的就是情绪，就像水的波浪。

按照达尔文的说法，人类有六种基本的情绪：快乐、悲伤、愤怒、恐惧、厌恶、惊奇。佛教认为情绪共分为七种：喜、怒、忧、惧、爱、憎、欲。有时也简化为五种：苦、乐、忧、喜、舍。而中国人有"七情六欲"的说法。《礼记》里的七情分别是：喜、怒、哀、惧、爱、恶、欲。《礼记》说，这七种情绪，人类不用学，自己就会产生。中医里的"七情"指的是：喜、怒、忧、思、悲、恐、惊。这七种情绪失调，就会引起疾病。

一些科学主义心理学派，会把情绪归因于脑部某些组织的运作，比如，很长一段时间，人们认为恐惧来自脑部某个区域的杏仁核，如果一个人脑部这个区域的杏仁核受伤，他对恐惧的感受力就会下降。还有些研究认为，一个人之所以犯罪，是因为他脑部的某些组织，会导致凶残的性格。这种理论认为，我们的情绪，乃至我们的行为，其实都是我们体内的"化学方程式"在起作用。

比如，爱情是虚构的，真正起作用的是荷尔蒙。这些理论有一定的实验依据，同时，也提醒我们，人体自身的器官，会决定我们有什么情绪和行为。但这种理论导致一种绝望，以及一种借口，就是情绪是天生的。事实上，更多的实验表明，情绪不完全受制于脑部的某种成分，导致每个人产生各种各样的情绪的原因很复杂。

越来越多的心理学家相信，情绪并不是天生的，而是我们自己的大脑和文化建构出来的。不能简单地把情绪看作一种本能的、天生的对世界的反应。比如，有三个人在树林里走，有个男孩子突然发现了一条蛇，按照传统的情绪理论，这个男孩子一定会感到恐惧，恐惧的情绪，是由大脑中负责产生恐惧情绪的组织而产生。但事实上，如果这个男孩是学习动物学的，并发现这条蛇是没有毒性的，他就不会恐惧；再比如，如果这个男孩子后面有两个朋友，或者其中有一个他喜欢的女孩，他会想到：如果我表现得很害怕，会被朋友或那个女孩子瞧不起，那么他也会表现出平静的样子。所以，情绪是我们每一个个体自己创造出来的，如果我们弄清楚这种创造的过程，那么，情绪是可以控制的。

情绪是天生的还是后天的？这是一个不太容易说得清的问题。但我们可以从常识的角度，来看看是什么引起了情绪。或者说，我们为什么会有情绪。最简单的说法，人活在世上，总有欲望，当欲望得到满足，我们会感到高兴，当欲望无法得到满足，我们会感到不快；我们总想要得到某个东西，得到了，我们感到快乐；得不到，或者得到又失去了，我们就不快乐。人活在世界上，总是处在一定的自然环境和社会环境里，环境总是发生着变化，一会儿下雨了，我们好像也跟着阴郁，一会儿出太阳了，我们好像也跟着快乐；受到大家的欢迎，我们感到很高兴，受到大家的排斥，我们感到低落。还有很多很多的不确定性，要么带来意外惊喜，要么带来飞来横祸。

情绪的背后，是欲望和环境。欲望引起情绪的关键，是欲望得到了满足还是不满足。环境引起情绪的关键，是身处顺境还是逆境。然而，就算我们找到了原因，也并不能消除情绪。情绪之所以是情绪，在于只要我们还活着，它就伴随着我们。

当情绪出现，我该怎么办？

所以，关于情绪，对我们普通人而言，只有一个问题，那就是当情绪出现，我该怎么办。如果我们要解决这个问题，首先要明白，其实情绪本身没有什么对错之分，它的特点是"扰乱"，扰乱我们的心。我们把情绪分成了正面的情绪和负面的情绪。我们将"抑郁""愤怒""焦虑""恐惧"定义为负面的情绪。所以，我们经常问：怎么解决抑郁？怎么解决愤怒？怎么解决恐惧？我们将"快乐"定义为正面的情绪。但不管是正面的情绪，还是负面的情绪,都会扰乱我们的心。当我们把情绪做了区分,并且只接受正面的情绪,不接受负面的情绪,那么,我们就陷入了情绪的死循环。事实上,一旦我们接受情绪,就要接受它的整体。

当我们问"当情绪来了,我怎么办?"时,意味着不管什么情绪来了,我们都要立刻去管理它、转化它。任何一种情绪,滞留在心里,都会是伤害。"快乐"固然很好,但你一定听过"乐极生悲"这个成语。反过来,任何一种情绪,如果我们懂得转化,都可能带来积极的力量。

比如,"焦虑"转化成正面的情绪,就会让我们对不确定的危险保持警惕,从而帮助我们躲避祸害。比如"愤怒",如果我们因为私欲得不到满足就愤怒,那么,就会伤害自己;但如果我们出于见义勇为而愤怒,那么,愤怒也会成为滋养我们心灵的营养。

关键是,回答"当情绪来了,我怎么办?"这个问题,不需要去讨论,不需要去思辨,你只需要意识到不管什么情绪,都是一种打扰,就像没有敲门就走进了你房间的陌生人。但情绪作为一个陌生人,它的奇怪之处在于,你没有办法赶走它,你越去赶它,它就越强大;你也不能因为喜欢它而留住它,你越是留住它,它就越会带来伤害。

你唯一要做的是把自己转变成一个观众,看着它演戏,戏演完它自己就走了。这是解决情绪问题的关键——你不需要回答,你只需要把自己转化成观众。情绪带来一出戏剧，你要学会看戏，一旦你学会看戏，情绪就转化了，不再是一种骚扰。

总之，要解决情绪问题，你只需坐下来，看戏。

意义：我来到这个世界，有什么意义？

《现代汉语词典》里，"意义"是指：①语言文字或其他信号所表示的内容。②价值；作用。当我们说"人生的意义""生命的意义""生活的意义"时，这里所说的"意义"，更多的是指价值，又含有理由的意思，当我们问"人生有什么意义？"相当于在问"活着有什么价值或理由？"。意义这个心理元素，相当于人生观，因为人生观指的是我们对人生意义的总的看法。而人生观的背后是世界观——我们对世界的总体看法。这往往是一种预设的立场，或者被反复证明的原则。而人生观是由价值观所体现出来的，价值观指的是我们对具体事物的评价标准。

世界观、人生观、价值观相互作用，让我们觉得自己的人生或者这个世界上的某些事是有意义的。关于意义，构成的是这么一个老生常谈的问题：生活（人生、生命）的意义是什么？世界著名哲学家罗伯特·所罗门（Robert Solomon）和其身为哲学教授的妻子凯思林·希金斯（Kathlee M. Higgins）共同创作过一本名为《大问题：简明哲学导论》的著作。在这本著作的《生活的意义》这一章里，他们罗列了四种最常见的生活意义：孩子作为意义、上帝作为意义、来生作为意义、没有任何意义（荒谬）。然后，他们认为所谓生活的意义，最终取决于我们如何看待生活，并且罗列了16种对生活的看法：

1. 生活是一场游戏
2. 生活是一个故事
3. 生活是一场悲剧
4. 生活是一场喜剧
5. 生活是一个使命
6. 生活是艺术
7. 生活是一场冒险
8. 生活是一种疾病
9. 生活是欲望
10. 生活是涅槃
11. 生活是利他主义
12. 生活是荣誉
13. 生活是学习
14. 生活是受苦

15. 生活是一场投资

16. 生活是各种关系

然后，他们希望读者做一个练习——从上面的16个选择里，勾去一个他们最为认可的断言，根据这个断言，去认真思考生活的意义到底是什么。这个问题提醒我们，活着，不只是欲望的满足，不只是目标的实现，不只是情绪的抒发，而是为了某种意义。但这个问题的误区在于，会让人以为有一个外在于我们的普遍的意义存在，我们只要去找到它，就可以得到生活的意义了。因此，关于人生意义、生活意义、生命意义的讨论，常常会变成空谈，或者学究式的卖弄知识，对真正的人生，好像并没有什么帮助。

心理学家维克多·弗兰克尔（Viktor Frankl）敏锐地发现了"生活有什么意义？"这个问题的空泛性，因为"这些任务（也就是生命的意义）在每个人身上，在每时每刻都是不同的，因此不可能对生命的意义作一般的定义。对生命意义的质疑，没有唯一的答案。生命的意义不是某种含糊的东西，而是非常实在和具体的。它构成人的命运。而每个人的命运都是独特的"（《活出生命的意义》）。维克多·弗兰克尔这句话里有两层意思：第一层意思是，生活并没有普遍的意义，只有对每一个人而言独特的意义；第二层意思是，生活的意义并不是一个抽象的观念，而是非常具体的存在，而且体现在每一个当下。

维克多·弗兰克尔对"意义"的理解,来自一段痛苦的经历。他曾经被关在奥斯威辛集中营,随时处于死亡的威胁之下,失去了尊严,失去了希望。1945年,战争结束后,维克多·弗兰克尔写了一本名为《活出生命的意义》的书,这本书记录了他在集中营中的经历,并闻名全世界。

维克多·弗兰克尔不只是记录德军的暴行,他重点写的,是集中营里处于绝境中的人们的各种表现,从而让他思考生命的意义是什么。他认为,从集中营的经验表明,人还是有可能选择自己的行为的。"即使在最可怕的心理和生理条件下,人也能够保持一定的精神自由和意识独立。一些不可控的力量确实会剥夺人的很多东西,但有一样东西你是不能从人的手中夺取的,那就是最宝贵的自由。人们一直拥有在任何环境中选择自己的态度和行为方式的自由。"

维克多·弗兰克尔讲到他在集中营亲眼见到一个女孩子的死亡,临死之前,这个女孩对他说:"我感谢命运给了我这么沉重的打击……以前的生命让我糟蹋了,我从没有认真考虑过精神完美的事。"这个女孩指着窗外的一棵树说:"这棵树是我孤独中唯一的朋友,我常常跟它交谈。"弗兰克尔怀疑她是不是出现了幻觉,问这个女孩树和她说了什么,女孩子说:"它对我说,我在这里,我在这里,我就是生命,永恒的生命。"这个女孩子临死前说的这些话,让弗兰克尔非常震撼,让他认识到"苦难"

的意义,"一旦我们明白了苦难的意义,我们就不再通过无视折磨或心存幻想、虚假乐观等方式去减少或平复在集中营遭受的苦难"(《活出生命的意义》)。

维克多·弗兰克尔又讲到,集中营里有两个人因为觉得生活完全没有指望而想自杀,但其中一个人,有一个身在国外的儿子,他想到了等待自己的儿子,就想到了自己作为父亲的责任,于是放弃了自杀;另一个人是科学家,他想到自己还有一本书没有写完,于是也放弃了自杀。由此,维克多·弗兰克尔提出一个观点,就是当一个人意识到自己不可取代的独特性时,他就能够把握到生命的意义。也就是说,生命的意义不是外在于我们之外的某种教条,而是我们自己具有的独特性。这个独特性也可以说是,我们应该担负的责任。

由此,他得出了这么一个著名的论断:"我们期望生活给予什么并不重要,重要的是生活对我们有什么期望。我们不应该再问生活的意义是什么,而应该像那些每时每刻都被生活质问的人那样去思考自身。我们的回答不是说与想,而是采取正确的行动。生命最终意味着承担与接受所有的挑战,完成自己应该完成的任务这一巨大责任。"(《活出生命的意义》)

1945年后,维克多·弗兰克尔成为"意义疗法"的倡导者。所谓的"意义疗法"就是"把人看成这样一种存在:他主要的担忧是实现某种意义,而不仅仅是满足欲望和本能,或者是调和本我、自我和超我之间欲望的冲突抑或适应社会和环境，在这一点上，它与心理分析分道扬镳"。

维克多·弗兰克尔关于生命的意义的思路，把"生命的意义是什么？"转化成了一个内在的问题，并不是向外寻求一个抽象的意义，而是从自己身上、从自己当下的行动里，找到自己的责任，找到自己的独特性，从而创造意义。意义并不是向外寻求而得的，而是自身的创造，意义不是一个理论的探讨，而是内在于我们的一种召唤，有一种等待着我们去完成的潜在意义在召唤我们，遵从我们的内心。

当我们问"人生有什么意义？"时，其实是在向外寻找一个现成的答案，但不幸，人生唯一的真理，就是没有人能够为我们提供一个现成的答案。但幸运的是，人生唯一的真理是，你的答案就在你自己手里。与其苦苦追问"人生有什么意义？"，不如问一下自己："我来到这个世界上，有什么意义？"是的，人生的意义、生命的意义、生活的意义，对个人而言，真正的问题，只有一个："在这个时刻，我活着，我自身的意义是什么？"这个问题，会带着我们，从我们内心，挖掘出自己的独特性，从而找到活在这个世界上的理由，彻底解决为何而活的问题。

人生的意义，不是外在于我们的概念、口号、格言，不是一个现成的需要我们去寻找的答案，而是我们自己在解决人生问题的过程中创造出来的。所以，我们反复要问的是："就在这个时刻，我活着，我自身的意义是什么？"这个问题本身就是答案——活着的每一个当下，不论年龄、贫富，我们都可以创造意义。一旦你去寻找意义，意义就离开你了；你应该在当下就去创造意义。

天理：如何顺应天意？

什么是天理？

天理是中国传统文化里的概念，尤其是儒家思想里的重要概念，由"天"和"理"两个汉字组成。"天"代表了超越人类的力量，是一个超出了人类理解的造物主式的存在，而"理"是法则的意思。天理，相当于天的运行法则。我用"天理"这个概念，并不是想谈论儒家思想，而只是想借用这个概念，讨论一种普遍的人类心理现象，当我们体验到人类的局限性，遇到人类的知识无法解释的现象，面对不可知的力量感到了无奈、无助甚至恐惧时，常常发出这样的提问："如何才能得到上天或者神灵的保佑？"

当我们问"如何才能得到上天或者神灵的保佑？"时，意味着我们认为可以通过某种途径，获得高于人类的神秘力量的加持，来获得平安，乃至成功。这是一个祈求性的问题。这种祈求，会让我们意识到人类的局限性，尤其是个体的局限性，从而产生敬畏感，保持必要的谦逊。但是，对这个问题的追问，也容易让人陷入对形式的迷狂，从原始时代的巫术，到今天的求神拜佛乃至社会上的各种算命、风水之说，都体现了这种对形式的迷恋。一些人的误区在于，以为通过某些"高人"，或者通过某种形式或神通，就可以借助超人类的力量，来改变自己的命运。但这样做造成的后果是，除了成全各种江湖骗子之外，对我们的人生并没有什么帮助。虽然有时候，这些形式也会让人得到一点心理慰藉，但总的来说，是把人引向歧途。

科学家阿尔伯特·爱因斯坦提供了另一种思路，当我们面对不可知感到无奈、无助时，不是去问"如何才能得到上天的保佑？"，而是去感受一种叫作"奥秘"的美，在爱因斯坦看来："奥秘是我们所能有的最美好的经验。体验不到奥秘的人没有惊讶的感觉，他们无异于行尸走肉，看不清周围世界。奥秘的经验产生了宗教。真正的宗教感情便是：我们认识到有某种看不到的东西存在，感觉到那种最深奥的理性和最灿烂的美；在这个意义上，我才是一个具有深挚宗教感情的人。我不相信没有人类意志的上帝会赏罚自己的创造物。我认为一个人死后灵魂也会随着消失！我满足于生命的永恒和现存世界的神奇，并且努力去领悟自然界中显示出来的理性的一部分，即使只是极小的一部分，我也就心

满意足了。"(《爱因斯坦自述》)

阿尔伯特·爱因斯坦把我们对上天或神灵的敬畏,转化成了一种"奥秘"体验。爱因斯坦并不相信上帝,也不相信灵魂,但相信有一种"奥秘"存在,相信这种"奥秘"会让我们感觉到最深奥的理性和最灿烂的美,相信生命的永恒和现存世界的神奇。显然,阿尔伯特·爱因斯坦把"如何才能得到上天的保佑?"这样一个问题,转化为"如何获得'奥秘'体验?"这样一个问题。作为科学家的爱因斯坦,相信只要我们意识到有看不见的东西存在,保持无限探索的热情,我们的生命就会蓬勃生长。

如何获得"奥秘"体验?

这个问题,对普通人来说也许有点玄乎,那么,孔子提供的思路,也许每一个普通人都可以做到。孔子提供了一个什么思路呢?我们先读一段《论语》里的文字:"子畏于匡。曰:'文王既没,文不在兹乎?天之将丧斯文也,后死者不得与于斯文也。天之未丧斯文也,匡人其如予何?'"(《论语·子罕》)这一段文字讲的是,孔子有一次经过匡地,因为长相和阳虎有点像,而阳虎曾经对匡地的老百姓做了不少坏事,所以,匡地的人看到孔子,以为是阳虎,就把他和学生围困起来。学生们都很害怕,不知道是怎么回事,而孔子却很淡定,对学生说:"既然周文王已经死了,那么,文化的道统不就在这里吗?假如上天不想让这个道统传承下去,那么,未来的人就不会知道这个道统了。假如上天不想丧失这个道统,那么,匡人又能把我怎么样呢?"

这一段话,有三层意思。第一层意思讲的是,有一种文化道统,是由历代的圣贤一代一代相传的,起先是由周文王承担的,周文王去世以后,孔子的出现,就是为了延续这个文化道统。第二层意思讲的是,这种文化道统假如是天意,或者说符合天道,那么,我对这种道统承担责任,就等于在服从上天的旨意。第三层意思说的是,假如我做的事是天意,那么,人世间的那一点危险就不算什么,因为上天会保佑我,我有什么好害怕的呢?

孔子这一段话,开启了中国人生命意识的第一次伟大觉醒。当我们无奈、无助的时候,不是屈从于现实,也不是屈从于所谓不可知的命运,而是找到上天的旨意,去做符合天道的事情。这一段话,把个体的生命,融入文化的源流里,更和天道相联结。在《易传·象传》里,孔子说:"天行健,君子以自强不息;地势坤,君子以厚德载物。"这句话可以说是匡地那一段话的翻版,君子应该像天一样,一直运行,自强不息,也要像大地一样深厚宽广、绵延不绝。孔子在《论语·为政》中说"五十而知天命",这个"天命",不是命中注定的宿命,而是上天的旨意。"知天命"指的是明白了上天的指令,明白了上天的指令,也就明白了自己应该做什么事情。

孟子进一步解释"知命":"莫非命也,顺受其正。是故知命者不立乎岩墙之下。尽道而死者,正命也;桎梏死者,非正命也。"(《孟子·尽心上》)这段话的大意是,人的一切都是命,顺应天理而接受的,就是正命,就是我们应该的命运。所以,弄清楚了天命的人,就不会去站在危险的墙壁下。尽力行道而死的人,接受的是原来的命运;犯罪受刑而死的人,接受的不是原来的命运。孟子的这一段描述,更加清晰地表达了儒家的天命观。命运不是外在于我们的、不可知的可怕力量,而是内在于我们的一种道德律。我们遭受厄运,不是上天在惩罚我们,恰恰是因为我们自己偏离了天意。一旦人们弄清楚了这种道德律,做自己应该做的事,那么,就完全不用担心、害怕会遇到什么不幸,相反,上天会眷顾你。

这样一来,当我们感到无奈、无助时,与其去祈求神灵,还不如返回自身,明白天意、顺应天意,反而能够保全自己,所以,孟子的方法是,尽力去发展自己良善的本心,就可以认识到人的本性,认识了人的本性,就会懂得天意;存养人的本心,培养人的本性,这才是顺应上天的方法;不管是长寿还是短命,都不怀疑天道,只是一心修正自身等待天命的到来。这就是安身立命的法则。后来,王阳明把这种思路简化为"致良知",只要我们把自己内在的良知发挥出来,就可以无所不能。什么是良知呢?王阳明这样解释:"良知是造化的精灵。这些精灵,生天生地,成鬼成帝，皆从此出，真是与物无对（什么事物都无法与它相比）。人若复得他完完全全，无少亏欠，自不觉手舞足蹈，不知天地间更有何乐可代。"（《传习录》）

回到开头的问题，当我们遇到困难的时候，常常会问："如何才能得到上天或者神灵的保佑？"这个习惯性的问题，固然会让我们产生敬畏感，但更多地，是会让我们成为命运的奴隶。从孔子到王阳明，都把这个问题转化为"我如何顺应天意去做我应该做的事？"这样的提问，完全超越了宿命这个概念，把有限的生命转化为无限的、自强不息的自我修炼，在这种自我能力和德行的修行中，个体的生命会融入整体的能量，绵绵不绝。

第五章

动力

一旦我们找到驱动力,做什么事情都会顺畅。这时,转化的力量对我们的生命真正开始产生作用。这是一个长期的在日常生活里坚持的过程,然后,某一个时刻,我们的生命像花一样盛开,在宁静中充溢着蓬勃的活力。

写在前面

我们在前面讲了六种心理元素,这些心理元素是由什么引起的呢?这个问题把我们带回到人生最基本的存在——我们的身心。感觉也罢,欲望也罢,目标也罢,情绪也罢,意义也罢,天理也罢,都离不开身心。思维,不论多么玄妙,都可以追溯到身心。宇宙再大,也不可能离开身心。我们作为一个人活在世界上,唯一真正拥有的是我们自己的身心,但我们在日常生活里,常常忘了身心。人类的思想、科技,不断在发展,但迄今为止,身心仍然是有奥秘的,充满不可知。最困难的,是认识我们自己。但最应该努力的,也是认识我们自己。所谓我们自己,可见可感的,有这么六样东西,第一是眼睛,第二是耳朵,第三是鼻子,第四是舌头,第五是身体,第六是大脑神经。这六样东西,构成了视觉、听觉、嗅觉、味觉、触觉、意识、自我、超觉这八种元素,它们结合在一起就成了身心。人生的全部,都是从这八种元素中产生的。有人把它们比喻为一台计算机,那么,这台计算机是如何运行的呢?

视觉：如何在当下安静地观看？

什么是视觉？

什么是视觉？关于视觉，有三个常见的定义。第一，眼睛与物体形象接触所生的感觉，是由眼球网膜上锥状细胞和杆状细胞受光波的刺激所引起的反应。第二，光作用于视觉器官，使其感受细胞兴奋，其信息经过视觉神经系统加工后便产生视觉。第三，视觉是眼睛对光线刺激的感应功能。通俗地说，视觉就是观看。英国著名艺术批评家约翰·伯格（John Berger）说："观看先于言语。儿童先观看，后辨认，再说话。但是，观看先于言语，还有另一层意思，正是观看确立了我们在周围世界的地位。"（《观看之道》）古希腊哲学家柏拉图甚至认为"看和听，是高贵的活动"。我们常说"眼睛是心灵的窗户"，可见视觉的重要性。现代科学的数据显示，人类接收的外界信息有 80% 来自视觉的传达。也就是说，我们以为的世界，很大程度上是我们的眼睛看到的图景。天空、大地，我们每时每刻都在看到的世界里，都是眼睛在帮我们看，但我们平时很少注意到眼睛这个器官，也很少会去问："为什么我能看见？"

为了回答"为什么我能看见？"这个问题，有位科学家绘制了一幅灵长类动物视觉系统内各脑区相互联系的地图。这幅地图上几乎有上百万条线，像计算机机房里密密麻麻的电路板。眼科学家兼脑神经科学家理查德·马斯兰（Richard Masland）在《我们如何看见，又如何思考》一书里，提出"我们如何在人群中识别一张脸？"这样一个问题，探讨了我们如何看见、如何思考。他用了一系列例如视网膜、神经元、细胞、大脑皮质等专业名词讲述"看见"的过程，总结了视觉系统工作的基本原则。

1. 视觉系统并不会中性、无偏地记录所有输入，在每一层，它们都会将输入扭曲，提出符合自然环境的规则性。

2. 在一些情况下，这些规则性是由基因编码的，但在更多情况下，这是由神经网络习得的。从最基本的规则性，如对边缘和线条的敏感，到复杂如面孔，都有神经网络学习的成分。

3. 大脑视觉区域之间的主要连接是通过分子诱导而得的，这些分子也是大自然用来引导幼体发育出肝脏和手掌的机制。它们基本上就是帮助神经元找路的化学信号。它们诱导轴突连接到大脑的目标区域，然后帮助它们形成一张视觉世界的大致拓扑地图。但是对于特定物体的感知—物体识别背后的神经连接，却是由神经可塑性规则创造的。

一连串的专业术语，会让人感到很费解，但实际表达的意思，从常识上说很简单，那就是我们之所以能够看见，并不是仅仅依靠眼睛这个器官，而是依靠一个系统的相互配合，这个系统的驱动来自大脑的运作，而所谓大脑在运作，再深入追究，是意识在起作用。但像理查德·马斯兰在《我们如何看见，又如何思考》一书的结尾所说的："我们对意识的直觉没有抓手，没有类比，没有审视问题的立足点，本质上它是主观的，只包含个人。我担心意识说到底是不可知的。"然后，他以两位哲学家的对话为例来解释这个说法，英国哲学家摩尔（Moore）曾经问伯兰特·罗素："我看到一个红色苹果时，看到的红色和你看到的是一样的吗？"他说关于这个问题，据他所知，还没有人给出令人信服的答案。

神经科学家关于视觉的讨论，包含了三层意思：第一，视觉的背后是大脑的神经系统在运作；第二，大脑的运作叫作意识，意识是非常个人化的东西；第三，我们之所以能看见，可以去分析，但并没有确定的答案。接着的问题是：看见了什么？最简单的说法，看到的是有质感的东西；唐代著名高僧、唯识宗创始人窥基把眼睛所对应的视觉现象归纳为二十五种，分别为：青、黄、赤、白、长、短、方、圆、粗、细、高、下、若正、不正、光、影、明、暗、云、烟、尘、雾,迥色、表色、空一显色。前面四种颜色（青、黄、赤、白）,是四种基本的颜色。青、黄、赤,对应的就是现在我们所说的三原色：蓝、黄、红。通过这几种颜色,可以拼出所有的颜色。白色是综合色。后面是长、短、方、圆、粗、细、高、下,八种基本形状。后面若正、不正、光、影、明、暗、云、雾等,和明暗、清晰度、位置等有关。所以,这二十五种元素,涵盖了整个视觉系统。也就是说,眼睛,更确切地说,视觉,赋予了这个世界色彩、形状、动静、空间等有形的可见的质素,使得我们拥有了一种很基础的实在感,觉得这个世界,因为可见而变得实在。由此带出一个问题——我们看到的这个世界,是不是确定的,还是只是一种幻觉？西方古代哲学里,一个最大的争论是："世界是客观的还是主观的？"一种看法认为存在着一个客观的世界,所谓视觉,就是眼睛以及神经系统对于客观世界的反映；一种看法认为并没有客观的世界存在,一切不过是我们主观的投射,柏拉图就认为我们看到的世界,不过是我们心中绝对理念的显现。关于"世界到底是客观的,还是主观的？"这个问题,没有人能够给出明确的答案。

这种科学和哲学上的探寻,可以不断探索下去。但有一点越来越清晰,就是视觉的形成,当然也包括听觉、嗅觉、味觉、触觉,首先当然和眼睛、耳朵、鼻子、舌头、身体这些器官有关联,但更多的是和大脑里的神经元、细胞等有更深的关联；而最深的关联，还是和心智有关。心智当然和大脑有关，但又超越了大脑。我们重温一下前面提到过的，历史学家尤瓦尔·赫拉利关于心智的一个看法："科学之所以很难解开心智的奥秘，很大程度是因为缺少有效的工具，包括科学家在内，许多人把心智和大脑混为一谈，但两者其实非常不同。大脑是神经元、突触和生化物组成的实体网络组织，心智则是痛苦、愉快、爱和愤怒等主观体验的流动。生物学家认为是大脑产生了心智，但到目前为止，我们仍然无法解释心智是如何从大脑里出现的。"（《今日简史》）

尤瓦尔·赫拉利进一步推论，关于心智，很大程度上只能靠个体自己的观察，只有自己最清楚自己的心智。如果只有我们自己最清楚自己的心智，那么，关于视觉，对于个人而言，真正的问题只有一个：

如何在当下安静地观看？

当我们问"如何在当下安静地观看？"时，我们就会经常停下来，观察一下我们看到了什么。为什么看到了这些，而看不到那些呢？当我们不断停顿、不断观察，就会慢慢觉知到，是什么在影响我们的观看。慢慢地，就不会被看到的东西所迷惑，更不会被看到的东西所束缚。

如果现在你身处在热闹的商场或者其他公共场所，可以试一试，以一个观看者的视角，看着周围的一切。当你观看时，你会感觉周围的杂声渐渐消退，一些面影、一些表情、一些色彩和形状、一些质地，会渐渐清晰。你只需要安静地看着这些，不要做出评判，如果有情绪的波动，那么，就观察情绪的波动。就这样安静地观看周围，五分钟后，你会看到以前自己没有看到的东西，你会感受到以前没有感受到的东西。这是一个最简单的"观看"练习。

当我们问"如何在当下安静地观看？"时，意味着我们在做一种努力，我们希望能看得更远更深，甚至看到视觉之外的视界。我们不妨进行两个小练习，第一个小练习是：坐在椅子上，把眼睛闭起来，这样持续十分钟，体会一下在黑暗中我们能看到什么；再闭上眼睛，走五分钟的路，体会一下我们如何在黑暗中辨别方向。另一个小练习是：梳理一下人类有史以来，创造了哪些眼睛的延伸物，比如望远镜、显微镜等，这些工具能够看多远，多细微？

当我们问"如何在当下安静地观看？"时，其实是在问：是谁在看？日常生活里，我们看到的都是别人以及外在的事物，所以我们不知不觉就会跟着别人或外在的事物奔跑，却忘了，是谁在看，以及别人是如何看我的。李白在《独坐敬亭山》这首诗里说："相看两不厌，只有敬亭山。"现代诗人卞之琳在《断章》中写道："你站在桥上看风景，看风景的人在楼上看你。"人和风景，人和人，形成一种相互的观看，在相互的观看里，一是消解了主体和客体之间的界限，二是彼此成为镜子，更好地观照自己。

当我们问"如何在当下安静地观看？"时，我们就会慢慢体会到观看的力量，在观看中，我们看到了世界的丰富性，并且慢慢看到了自己，看到了自己的内心。如果我们都不愿意在当下花几分钟时间安静地观看，又怎么可能过好这漫长的一生？

听觉：如何在当下安静地聆听？

什么是听觉？

什么是听觉呢？听觉是指声源的振动所引起的声波，通过外耳和中耳组成的传音系统传递到内耳，经内耳的环能作用将声波的机械能转变为听觉神经上的神经冲动，后者传送到大脑皮层听觉中枢而产生的主观感觉。耳朵，是听觉的感受器官，正常人的耳朵大约可分辨出 40 万种不同的声音，这些声音有些小到微弱得只能使耳膜移动氢分子直径的十分之一。当声音发出时，周围的空气分子就起了一连串的振动，这些振动就是声波，从声源向外传播。

如何听见呢？美国纽约州立大学心理学教授理查德·格里格（Richard Gerrig）和美国著名心理学家菲利普·津巴多（Philip Zimbardo）在《心理学和生活》一书中，描述了声音被我们听见要经过的四个阶段。第一，空气中的声波必须在耳蜗中转换为流动波，振动的空气分子进入耳朵，一些声音进入外耳道，另外一些被外耳或耳郭反射后进入，声波沿着通道在外耳中传播直到它到达通道的尽头，然后鼓膜把声波传到中耳，以及包括三块小骨头的耳室。第二，流动波导致基膜的机械振动，耳蜗中的液体使得基膜以波浪的方式运动。第三，这些振动必须转换成电脉冲，基膜的波浪形运动使得与基膜相连的毛细胞弯曲，这些毛细胞是听觉系统的感受细胞，当毛细胞弯曲时，它们刺激神经末梢，将基膜的物理振动转换为神经活动。第四，电脉冲必须传入听皮层，这个阶段进入了整个听觉系统。真正让我们听见的，不是耳朵，而是听觉系统运作的结果。

那么，我们听见的是什么呢？当然是声音。在汉语里，"声音"这个词中，声，指的是人的声音；音，指的是其他的声音。这是最简单的声音分类。人的声音，最主要的是语言，语言是人类交流的主要工具，因此，在获取语言的意义上，尤其在文字发明之前，听觉显得特别重要。现代城市的一个问题是噪声污染，交通、建筑工地、工厂等经常会产生噪声，当然，人群聚集的地方也会产生噪声。声音的范围包罗万象，从一滴水的声音，到打雷的声音；从唱歌的声音，到交头接耳的声音；从市场上的吆喝声，到墙上的砖头掉落的声音；从山间的回音，到早晨公共汽车上的报站声。我们生活在声音的海洋里，而声音，显现的是无形。

这是和视觉最大的差别，视觉是可见的，但听觉是不可见的。因此，声音会激发人更多的想象力。英国近代作家约瑟夫·阿狄生（Joseph Addison）在其随笔《伦敦的叫卖声》中，写伦敦街头的叫卖声，从声音里描摹出一个城市的鲜活特点。约瑟夫·阿狄生将伦敦的声音分为器乐和声乐两大类。器乐包括救火员敲打铜壶或煎锅、更夫敲梆、劁猪匠吹号角之类的声音；声乐包括卖牛奶的、扫烟囱的、卖煤末的、卖碎玻璃和砖渣的、卖纸片和火柴的，还有卖报的、卖青菜萝卜的、卖点心的，以及箍桶匠、维修匠等在街头巷尾的叫卖声。作者从这些声音里，感受到人间的悲欢。他说"有些商贩爱拉长腔"，"这比前面说的那些叫卖声要更有韵味。特别是箍桶匠爱用闷声，送出他那最后的尾音，不失为具有和谐动人之处。修理匠常用他那悲怆、庄严的语调向居民们发问：'有修椅子的没有？'我每当听见，总禁不住感到有一种忧郁情调沁人心脾。——这时，你的记忆会联想出许许多多类似的哀歌，它们那曲调都是缠绵无力、哀婉动人的"。又说"每年，到了该摘黄瓜、收荷萝的季节"那叫卖声让他听了格外高兴。"可惜，这种叫卖像夜莺的歌唱似的，让人听不上两个月就停了。"

有一种八音盒，被认为是包含了所有乐器的声音，也就是说包含了所有的音乐。什么是八音呢？《三字经》里说："匏（páo）土革，木石金。丝与竹，乃八音。"古乐器中的笙、竽等属匏类；

埙（xūn）等属土类；鼓等属革类；木鱼等属木类；磬等属石类；钟、铃等属金类；琴、瑟等属丝类；管、箫、笛等属竹类。匏、土、革、木、石、金、丝、竹是制作乐器时用的原料，所有的乐器都来源于这八种原料。佛学里也有八音的说法，第一是极好音——最好的声音，让人越听越喜欢；第二是柔软音，这种声音听起来像水一样柔软，越听越觉得美好；第三是合适音，这种声音很柔和，让人听了觉得没有什么比这更好听的了；第四是尊慧音，这种声音听起来很尊贵，声音里有无量的智能；第五是不阴音，这种声音没有阴阳怪气，没有阴阴的感觉；第六是不误音，这种声音不会让人引起误会；第七是深远音，这种声音能够传到很远的地方；第八是不竭音，这种声音绵延不绝，不会结束。

如何听见？听见什么？这类问题无限地追溯下去，可以引导我们不断思考听觉是如何运作的，以及听觉为我们带来了什么。但对于个人而言，关于听觉，真正的问题只有一个：

如何在当下安静地聆听？

当我们问"如何在当下安静地聆听？"时，我们就会经常停下来，安静地去聆听周围的声音，只是安静地聆听，不要做出评判，如果出现情绪的波动，那么，就观察情绪的波动。就这样安静地聆听周围的声音，五分钟后，你会发现自己听到了以前没有听到过的声音。这是一个简单的"聆听"练习。我们可以在生活中养成一个习惯，经常停顿一下，去感受一下听到了什么。问一问自己，为什么听到了这些声音，而听不到那些声音呢？当我们不断停顿、不断观察，会慢慢觉知到是什么在影响我们的听，慢慢地，我们就不会被听到的东西所迷惑，更不会被听到的东西所束缚。当你安静地聆听，你就能借助听觉这个功能听到很细微的声音，从声音里感受世界的广大。

你可以试一试，在一个喧闹的街边，安静地去聆听街边的各种声音。开始的时候，你可能会觉得周围都是难以忍受的噪声，但当你越来越安静，你会发现，你能分辨出噪声里的各种细微的声音，也能听清各种声音。最后，你会感觉到噪声渐渐消失，在繁华的大街上，你会抵达声音的最美妙境界——寂静。你也可以试一试，在热闹的聚会上，安静地倾听每一个人说的话，安静地感受空气里因为说话声而造成的震动，感受周围的气氛。你还可以试一试，在很偏僻的树林里，找一个地方坐下，听流水的声音，听风吹过树叶的声音，听鸟叫的声音，体会一下王维的诗"人闲桂花落，夜静春山空。月出惊山鸟，时鸣春涧中"（《鸟鸣涧》）的意境，从声音里抵达寂静。

当我们问"如何在当下安静地聆听？"时，意味着我们在做一种努力，我们希望听得更远、更深，甚至听到听觉之外的无声之声。我们可以做两个小练习，第一个小练习是：我们坐在椅子上,把眼睛闭起来,维持十分钟,感受一下自己在黑暗中能听到什么。然后,再闭着眼睛走五分钟的路,体会一下在黑暗中如何以听觉辨别方向。另一个小练习是:我们可以梳理一下人类有史以来,创造了哪些耳朵的延伸物。比如,电话、智能手机等,它们最远能够听到多远?它们能听到银河系之外的声音吗?

当我们问"如何在当下安静地聆听?"时,其实是在问:"是谁在听?"在日常生活里,我们听到的都是别人以及外在的事物,不知不觉就会跟着别人或外在事物奔跑,却忘了,是谁在听,以及别人是如何听我的。美国实验艺术家约翰·凯奇(John Cage),有一次在自己家里举行钢琴演奏会,他一本正经地坐在钢琴前面,下面的观众满怀期待地等待他演奏,他默默地坐了4分33秒,突然站起来宣布演奏到此结束。所有人都觉得他得了精神病,应该去看医生。而约翰·凯奇认为他的目的是让听众真正地去聆听。在这4分33秒里,约翰·凯奇听到了风的声音,树叶的声音,还有台下观众的呼吸声甚至他们交头接耳的声音。在他看来:"什么是我们作曲的目的?不应该有什么目的。只是为了声音。不是给无序定规则,也不是对它实施改进,而只是单纯地趋近生活本身。我们如果能够去掉自己的想法和欲望,让生活走自己的路该有多好。"这首名为《4分33秒》的无声音乐,虽然在当时并不受欢迎,但现在却成了名曲——一首无声的名曲。

无独有偶，在中国，唐代佛教最重要的教派禅宗第八代祖师马祖道一也做过和约翰·凯奇类似的事情。某天，马祖道一到了法堂，坐在了法座上，弟子等着他讲法，但过了很久，马祖道一都没有说话。这时候，他的弟子百丈怀海，把他前面用来做礼拜的席子拿走了。马祖道一马上站起来，走下了法座。他什么也没有说，又好像什么都说了。在沉默里，聆听即表达，表达即聆听，同时聆听到外在和内在。

当我们问"如何在当下安静地聆听？"时，就会慢慢体会到聆听的力量，在聆听中，我们听到了世界的丰富性，并且慢慢听到了内心的声音。如果我们不愿意在当下花几分钟时间安静地聆听，又怎么可能过好这漫长的一生？

嗅觉：如何在当下安静地感受周围的气味？

什么是嗅觉？

嗅觉的生理基础是鼻腔。为什么鼻子能嗅到气味？因为有嗅觉系统，即感受气味的感觉系统。嗅觉最特别之处在于，它是唯一不经过丘脑的感觉。丘脑被认为是身体感觉的中枢，所有的感知都通过它来传递信息到大脑其他区域，从而形成感觉、认知。但嗅觉却是一个奇妙的例外。嗅觉系统和海马体由一条高速通道联系着，海马体位于大脑丘脑和内侧颞叶之间，属于大脑的边缘系统，具有记忆处理和储存的功能。所以，在所有感觉里，嗅觉和记忆的关系最为紧密。

闻到的气味是什么样的呢？人可以辨识一万种以上的不同气味，但主要的气味一般认为有七种：樟脑味、麝香味、花草味、乙醚味、薄荷味、辛辣味和腐腥味。唐代著名高僧窥基把气味分成了六种:"香者,乃鼻之所取,可嗅义故。总有六种,谓:好香、恶香、平等香、俱生香、和合香、变异香也。"这个香,在古代汉语里是气味的意思,前面三种是"好香""恶香"和"平等香"。"好香""恶香"中的"好"和"恶",可以理解为"好闻的气味"和"难闻的气味"的意思,"平等香"可以理解为无所谓香臭、无所谓好闻或者难闻的气味。"俱生香"指的是某个东西本来就带着的气味,比如檀木本身带着檀木味,樟木本身有樟木味,这种气味是与生俱来的,并成了它的一个很明显的特征,这就叫"俱生香"。"和合香"指的是几种不同的东西混合在一起产生的香味,比如现在的很多日用品,香皂、洗发露等,都是好多植物或者化工材料混合在一起制作而成的,也会产生很明显的气味。"变异香"指的是某个东西经过变化之后产生的气味,比如苹果、桃子在未成熟时没什么气味,但是当它们成熟之后味道就散发出来了,和未成熟的时候的气味有所不同,这就是因为变化而产生的气味;再比如米饭,生的大米蒸熟了以后气味就不一样了,这也属于"变异香"。

　　气味的特点在于,第一,气味和呼吸紧密相连,就像电影《香水》里的台词:人可以在伟大之前、恐惧之前、美丽之前闭上眼睛,可以不倾听美妙的旋律或诱骗的言辞,却不能逃避气味,因为气味和呼吸同在;第二,气味和情绪有很紧密的关联,一些气味会引发某些情绪,流行的香氛疗法利用的就是气味的这种特点；第三，气味具有很强烈的记忆性，每一种气味好像都能给我们带来回忆。

有一个术语叫"普鲁斯特效应"，用来表述气味和记忆之间几乎同步的联系。为什么要以法国著名作家马塞尔·普鲁斯特（Marcel Proust）的名字来给这种效应命名呢？因为他的作品善于描写嗅觉记忆。他在长篇小说《追忆似水年华》里，写了一小块马德莱娜小蛋糕的气味引发的回忆，堪称描写嗅觉记忆的经典片段，普鲁斯特在这一段的最后写道："唯独气味和滋味虽说更脆弱却更有生命力；虽说更虚幻却更经久不散，更忠贞不贰，它们仍然对依稀往事寄托着回忆、期待和希望，它们以几乎无从辨认的蛛丝马迹，坚强不屈地支撑起整座回忆的巨厦。"

《假如给我三天光明》的作者，失去了视觉和听觉的海伦·凯勒（Helen Keller）这样描写嗅觉："嗅觉是无所不能的魔法师，能送我们越过数千里，穿过所有往日的时光。果实的芳香使我飘回南方故里，重温孩提时代在桃子园中的欢乐时光。其他的气味，瞬息即逝又难以捕捉，却使我的心房迅速地膨胀，或因忆起悲伤而收缩。当我想到各种气味时，我的鼻子也充满各色香气，唤起了逝去夏日和远方秋收田野的甜蜜回忆。"

但是，嗅觉在西方古代哲学里，一直受到歧视。古希腊哲学家亚里士多德（Aristotle）认为视觉和听觉是高级的，因为它们更多地传递了形式，而嗅觉、味觉、触觉虽然也带来愉悦，却是低级的感官感受。哲学家伊曼努尔·康德（Immanuel Kant）和黑格尔（Hegel）都贬低嗅觉和味觉，认为它们不能带来审美和艺术所需要的智性。而在中国古代，嗅觉不仅有审美作用，还是禅修的途径。王安石的"墙角数枝梅，凌寒独自开。遥知不是雪，为有暗香来"（《梅花》），林逋的"疏影横斜水清浅，暗香浮动月黄昏"（《山园小梅·其一》），都以梅花的香气，烘托了一种迷人的意境。北宋的黄庭坚写过一组诗，共分为十首，描写在熏香的香气里，人如何变得宁静，其中有一句"隐几香一炷，灵台湛空明"（《贾天锡惠宝薰乞诗予以兵卫森画戟燕寝凝清香十字作诗报之·其一》），凭几焚香一炷，透过鼻孔的气息，就能让心灵归于空明澄澈。

如何在当下安静地感受周围的气味

关于嗅觉，我们可以不断地从各种角度无限地探讨下去，但对于个人而言，真正的问题是："我们如何利用嗅觉来提升自己的生命？"这个问题更多的是一个行动的问题，因此，可以把它转化为："我如何在当下安静地感受周围的气味？"

当我们问"如何在当下安静地感受周围的气味？"时，我们就会经常停下来，安静地去感受周围的气味，只是安静地感受，不要做出评判，如果出现情绪的波动，那么，就观察情绪的波动。

就这样安静地用鼻子去闻周围的气味,五分钟后,你会发现闻到了以前没有闻到的气味。这是一个简单的关于"闻"的练习。这个练习,能够帮助我们在生活中养成一个习惯,经常停顿一下,去感受一下闻到了什么。为什么闻到了这些气味,而闻不到那些气味呢?不断停顿、不断观察,我们会慢慢觉知到,是什么在影响我们的嗅觉。慢慢地,我们就不会被闻到的东西所迷惑,更不会被闻到的东西所束缚。当我们安静地去闻,我们就能借助嗅觉这个功能闻到很细微很细微的气味,从气味里感受世界的微妙。

你可以试一试,在一个喧闹的菜市场,安静地去感受菜市场里的各种气味。开始的时候,你会觉得这里混合了各种难闻的气味,但当你越来越安静,你会发现,你能慢慢分辨出各种细微的、不同的气味;最后,你会感觉到各种气味在渐渐沉淀、消失。你也可以试一试,在热闹的聚会上,安静地感受身边的气味,人的气味、饭菜的气味、物体的气味,感受当这些气味慢慢沉淀,你会感受到什么。你还可以试一试,在很偏僻的树林里,坐下来,感受流水的气味、树叶的气味、草地的气味,体会苏轼的这句词:"红杏飘香,柳含烟翠拖轻缕。水边朱户。尽卷黄昏雨。"(《点绛唇·红杏飘香》)从气味里享受日常的诗意。

当我们问"如何在当下安静地感受周围的气味?"时,其实是在问:"是谁在感受?"我们就会关注到负责嗅觉的器官——鼻子,还具有呼吸功能。汉字的"鼻"字的字形很有意思,从自,从畀（bì），"畀"又兼作声符，"自"是"鼻"的本字，作"自己"用后，另造了"鼻"字。"畀"是给予、付与的意思，合起来表示一呼一吸，自相给予。但我们常常忽略鼻子的呼吸功能，而更关注它的嗅觉功能。当我们安静地去闻，就会发现我们同时也在呼吸，因为呼吸，才能感受万千气味，因为呼吸，才有万千感受。因为气味，因为鼻子，我们才能觉察到呼吸独一无二的重要性。当我们安静地感受周围的气味，安静地感受周围的气息，就会感受到一切的秘密和答案，都在呼吸里。

当我们问"如何在当下安静地感受周围的气味？"时，就会慢慢体会到嗅觉的力量，在闻的过程中，闻到了世界的丰富性，并且在当下就能专注在呼吸上。如果我们都不愿意在当下花几分钟时间安静地感受周围的气味，不愿意安静地专注于呼吸，又怎么可能过好这漫长的一生呢？

味觉：如何在当下安静地品尝？

什么是味觉？

味觉的直接器官是舌头，味觉感受细胞存在于舌头表面、软腭、咽喉和会厌（喉部的活瓣）的上皮组织之中，当然，也和其他感觉一样，和脑部神经有深刻的连接，构成一个味觉系统。味觉是通过味蕾获得的，味蕾集中在舌头表面，还有一些在上腭。每个味蕾里大约有一百个味觉细胞，一个成人的口腔里大约有一万个味蕾。基本味道一开始有四种，分别是：甜味、咸味、酸味、苦味。1907年，日本东京帝国大学的研究员池田菊苗发明了味精。1908年，"鲜味"被列入了基本味道之中，基本味道被确认为五种。

唐代著名高僧窥基把味觉分为十二种类型，它们分别是：苦、酸、甘、辛、咸、淡、可意、不可意、俱相违、俱生、和合、变异。"苦、酸、甘、辛、咸、淡",这六种味道就是我们经常说的酸甜苦辣咸,外加了一个"淡"。后面六种,叫作"可意、不可意、俱相违、俱生、和合、变异"。这六个概念和前面的"气味"比较一致,所谓的"可意味""不可意味"和"俱相违味",就是"喜欢的味道""不喜欢的味道"和"无所谓喜欢还是不喜欢的味道"。"俱生味"指的是某个东西本身就带有这个味道,比如辣椒的"俱生味"是辣,白糖的"俱生味"是甜。"和合味"指的是不同的东西放在一起,发生了物理或者化学的反应后,就产生了新的味道。比如咖啡里加了蜂蜜,产生了一种新的味道。最后的"变异味",指的是某个东西发生变化后产生的味道,比如,水果烂了以后的味道。

味觉最特别之处在于,主体和客体之间距离最为接近。味觉的对象是食物,我们把食物放进嘴巴里咀嚼,然后食物进入胃部,这是一个很特别的过程。其他的感觉和对象之间,都有一定的距离。对视觉而言,我们所看的东西,是外在于身体的;对听觉而言,我们所听到的声音,是外在于身体的;对触觉而言,我们所触摸到的事物,是外在于身体的;对嗅觉而言,我们所闻到的气味,是外在于身体的。但嗅觉和味觉重合,当我们吃东西时,味觉和嗅觉往往同时在发生作用。也就是说,嗅觉和味觉重合的那部分,也和主体没有距离。

学者贡华南把味觉活动的特征归纳为三点:第一,味觉活动中人与对象之间保持零距离；第二，对象不是以形式呈现，而是以形式被打碎、内在外在合二为一的方式呈现；第三，对象所呈现的性质与人的感受相互融合。并由此推论，相比于古代希腊的视觉中心主义和古代希伯来的听觉中心主义，中国古代思想是一种味觉中心主义。他认为"味觉思想首先把人从超然的旁观者扭转成感应者，以此消弭物我距离，并松动以图像（数即形）为实在的世界观，将图像还原回物本身。超越以距离性为基本特征的视觉思想，特别是视觉思想造成的世界图像化、人与世界的疏离化等问题，必然回到物我亲密接触与相互感应为基本特征的味觉思想"（《味觉思想》）。

关于味觉，我们可以从文学、电影中去找到各种对于美味的描写，也可以从各种角度讨论味觉的重要性或意义，但对于普通人而言，如何透过味觉提升我们的生命才是实在的，也就是说，真正的问题只有一个：

如何在当下安静地品尝？

当我们问"如何在当下安静地品尝？"时，就会在吃东西的时候，安静下来，关注到食物本身。食物会让我们联想到生命，生命依靠食物得以延续。文明的标志性事件，是火的发明。火的发明，促进了饮食的改变，人类从吃生食到吃熟食，这是由野蛮向文明进化跨出去的重要一步。食物从单纯的充饥的东西，演变成有滋味的美味，还延伸出一系列的仪式，在不同的时代，"吃"一直扮演着社交的媒介。食物，以及吃这样一个行为之中，有着生命的秘密，以及文明之河的流淌之声。

"味"这个字在《说文解字》里解释为："味者，从口，未声，滋味也。"口的旁边一个"未"字，《说文解字》解释为："未者，木茂盛之象；木茂盛则多果，采而尝之曰滋味。"可见，早期中国人讲到的"味"，是好吃的意思。什么东西好吃呢？树上的果实。当我们的嘴里咀嚼果实的时候，就会很有味道。我们可以吃一个苹果，慢慢咀嚼，感受一下遥远的古代，我们的祖先就已经感受到的美妙味道。也可以喝一杯茶，或者一杯咖啡，慢慢感受口腔里的味道，或者喝一杯白开水，体会一下是什么味道呢？

到底什么是人间的美味呢？我们可以细细品味一下苏东坡的《浣溪沙·细雨斜风作晓寒》这首词："细雨斜风作晓寒，淡烟疏柳媚晴滩。入淮清洛渐漫漫，雪沫乳花浮午盏，蓼茸蒿笋试春盘，人间有味是清欢。"想象一下，在一千多年前，早晨的细雨微寒里，苏东坡踏上了一段旅程，当天气渐渐晴朗，河水渐渐开阔，中午时分，他就在野外煮茶，乳白色的泡沫浮在茶杯里，盘子里的食物是蓼茸蒿笋。我们能感觉到春天的气息、水流声、风吹过树叶的声音、树木花草的气息、茶的香味、蓼茸蒿笋的气味，这些组合成感觉的交响乐。在这交响乐之中，苏东坡感受到了清澈的、淡淡的、欢喜的人间的滋味与生活的滋味。所谓"人间有味是清欢"，意思是我们品味到了人间的美味，但感到的是像风飘过般的淡淡的喜悦。

当我们问"如何在当下安静地品尝？"时，我们就会留意舌头这个器官。除了味觉，舌头还和说话有关。有一个故事，说是古希腊寓言作家伊索（Aísôpos）年轻时，在一户奴隶主家做奴隶。有一天，奴隶主要他准备最好的酒菜，来款待一些赫赫有名的哲学家。当菜端上来时，宾主发现满桌子摆的都是各种动物的舌头，成了一桌"舌头宴"。奴隶主责问伊索："我不是叫你准备一桌最好的酒菜吗？"伊索回答："在座的都是知识渊博的哲学家，需要靠着舌头来讲述他们高深的学问。对他们来说，我实在想不出还有什么比舌头更好的东西了。"大家觉得有理，就高高兴兴地吃完了宴席。

第二天，奴隶主又要伊索准备一桌差的菜，招待别的客人。宴会开始，端上来的还是各式各样的舌头。主人很生气，问伊索："昨天说舌头是最好的菜，怎么这会儿又变成差的菜了？"伊索回答："祸从口出，舌头会为我们带来不幸，所以它也是最不好的东西。"

由说话，引出人的品位，犹如食物，每一个人都有自己的味道，也叫品位和韵味，说话要有品位，穿衣要有品位，有品位，才会有韵味。一个人如果有韵味，就会有自然的魅力。当我们当下就安静地去品尝，并不仅仅是品尝外在的食物，品味外在的美，也不仅仅是领悟哲学的至高之味，而是向内塑造自己的品位，让自己变得有韵味。

当我们问"如何在当下安静地品尝？"时，就会慢慢体会到味觉的力量，在品尝中，体味到了世界的丰富性，并且在当下就能意识到生命的源流。如果你都不愿意在当下花几分钟时间安静地品尝一杯茶，喝一杯咖啡或安静地吃一顿饭，又怎么可能过好这漫长的一生呢？

触觉：如何在当下安静地触摸？

什么是触觉？

触觉的器官是身体。身体，广义的理解，包括眼睛、耳朵、鼻子、舌头四种器官在内的整个身体；狭义的理解，身体就是躯体、四肢加上内脏。不管是狭义还是广义，身体带来的都是触觉。更重要的是，我们一般人觉得自我的构成就是身体和心灵。我的身体，我的心灵。这是关于"自我"的基本概念。

唐代著名高僧窥基把触觉分为二十六种，它们分别是：地、水、火、风、轻、重、涩、滑、缓、急、冷、暖、硬、软、饥、渴、饱、力、劣、闷、痒、粘、老、病、死、瘦。由这二十六种触觉，可以延伸出无限的触觉世界和物质世界，比如，"冷"这个触觉，可以细分为很多种冷，而引起冷的和身体接触的外物，可以是冰块、冷水，也可以是由于生病等原因。现代科学里的触觉，一般分为酸、麻、胀、痛、冷、热、凉、温八种,和窥基说的有相近,又有不同,触觉是指分布于全身皮肤上的神经细胞接受来自外界的温度、湿度、疼痛、压力、振动等方面的感觉。皮肤触觉感受器接触机械刺激产生的感觉,称为触觉。皮肤表面散布着触点,触点的大小不尽相同,分布不规则,一般情况下指腹最多,其次是头部,背部和小腿最少,所以指腹的触觉最灵敏,而小腿和背部的触觉则比较迟钝。若用纤细的毛轻触皮肤表面,只有当某些特殊的点被触及时,才能引起触觉。这是常见的关于触觉的定义。

加拿大学者康斯坦丝·克拉森(Constance Classen)在《最深切的感觉:触觉文化史》一书中提到:"触觉位于我们的自我体验和世界的最胜处,然而它却总是保持缄默,甚至未曾进入历史之中。"早在18世纪,德国哲学家赫尔德(Herder)就批评了西方哲学对于视觉的偏爱,他认为"视觉其实是一个表面的概念。众所周知,要认识身体、令人愉悦的形式、稳固的形状,唯有求助于触觉。我们无法通过视觉即刻见到体积、角度和形式,而只是平面、形象和颜色而已。因此,视觉是肤浅的,因为它如此遥远地外在于我们,而只以微弱的效果作用于我们,仿佛微弱的阳光只留下些许印象,而不是更为亲密地、内在地影响我们。最后,由于色彩和事物的数量之多和多样性,它压倒我们并无止境地分散我们的注意力。由于以上这些性质,视觉是最冷的感官。但正因如此,它同时也是最人工的、最哲学的感官……视觉通过比较、测量和推论起作用"。按照赫尔德这个论述，触觉显然更能带给我们对于自己以及外在世界的更深认知。

相比于视觉、听觉、嗅觉、味觉，触觉的奇特在于：第一，所有的感觉都可以还原为触觉，离开了舌头和食物的接触，不可能有味觉。视觉、听觉、嗅觉，都可以从触觉上去理解，视觉是眼睛接触了形与色之后所产生的，听觉是耳朵接触了声音之后所产生的，嗅觉是鼻子接触了气味之后所产生的。第二，即使没有了视觉、听觉、嗅觉、味觉，只要还有触觉，人还是可以活下去，但没有了触觉，身体的功能消失了，生命也就消失了。第三，视觉、听觉、嗅觉、味觉都有专门的器官，即眼睛、耳朵、鼻子、舌头，但触觉并没有固定的某一个器官，一般而言是皮肤，还有手，被认为是典型的触觉器官，除此之外，毛发也是很特别的触觉器官，但事实上，整个身体，甚至包括身体的内部，都是触觉的媒介。

今天，人们越来越认识到触觉的独特意义。触觉与身心健康息息相关。触觉的刺激可以促进血液循环，增加皮肤的弹性，改善我们的身体状态。按摩和触摸，可以缓解肌肉疼痛，减轻身体的紧张和疲劳。此外，触觉还能够促进神经系统的正常运转，提高我们的感知和反应能力。研究表明，触摸和亲密的肢体接触可以释放身体中的内啡肽和催产素等激素，产生舒适和幸福的感觉，从而改善我们的心理健康。

触觉在人际关系和情感交流中发挥着重要的作用。通过触摸，我们能够表达爱、关怀和支持，建立深厚的人际联结。亲密的触摸可以增进亲密关系，加强家庭成员和朋友之间的情感纽带。在恋爱关系中，触摸是表达爱意和亲密感的重要方式，它能够增加情侣之间的亲密度和满足感。触摸还能够传递安全感和安抚情绪，特别是在婴儿和小孩的成长过程中，亲子之间的触摸有助于建立安全的依恋关系，促进儿童的发展和健康。

触觉对于我们认知世界也具有重要的影响。通过触摸物体，我们能够获得直接的知觉体验，感知物体的形状、质地、温度和重量等特征。触觉的感知与视觉和听觉等其他感官相辅相成，帮助我们建立全面的认知模型。触觉能够让我们更加深入地理解事物的本质和特征，超越表面的外观和声音，发现隐藏在事物背后的真相和意义。通过触摸，我们能够获得直观的知识和体验，培养我们的直觉和洞察力。

如何在当下安静地触摸？

现代神经科学、心理学、生理学，不断地在追问"触觉是如何发生的？"，也不断地在利用触觉进行身心疗愈，但不管是多么高深的关于触觉的理论，不管是多么玄妙的触觉疗愈法，最终，一定开始于个人对触觉的感受和体会，所以，对于个人，真正的问题只有一个:"如何在当下安静地触摸?"

当我们问"如何在当下安静地触摸?"时,就会意识到自己的身体。我们可以做这样一个练习:以触摸的形式去感受,只是感受,从头到脚感受我们自己的身体。另外一个练习是:我们躺在草地上,用身体和皮肤去感受,感受吹在脸上的风,感受草地的湿润和蓬勃,感受阳光的温暖,或者在晚上,去一个陌生的地方,在黑暗的房间或者野外,不使用任何照明工具,以触觉去感知外在的世界,感受一下我们的触觉如何引导我们找到方向。还可以试试在雨天,当雨点落在身上,我们不要躲避,只是感受雨水,甚至,当某一个外物刺痛我们的身体时,我们不要抗拒(在保证安全的前提下),感受一下皮肤上的疼痛。

当我们问"如何在当下安静地触摸?"时,就会意识到自己的身体,并且去感受自己的身体,在感受中,去体会这个身体是谁的,是我的吗?老子说,如果我没有这个身体,那么,就什么问题也没有了。而古希腊伟大的哲学家苏格拉底(Socrates)则说:"所以一个人必须靠理智,在运思时,不夹杂视觉,不牵扯其他任何感觉,尽可能接近那每一个事物,才能最完美地做到这一点,是不是?他必须运用纯粹的、绝对的理智去发现纯粹的、绝对的事物本质,他必须尽可能使自己从眼睛、耳朵,以至整个的肉体游离出去,因为他觉得和肉体结伴会干扰他的灵魂,妨碍他取得真理和智能。""当我们还有肉体的时候,当我们的灵魂受肉体的邪恶所污染的时候,我们永远无法完全得到我们所要追求的东西——真理。"但问题是,我确实有一个身体,一个让我感觉到快乐和痛苦的身体;如果我不能接纳这个身体,我又如何进入灵魂的状态呢?由身体,再次进入另一个词语——生命。如果是味觉因为食物而唤起文明对生命源流的回味,那么,触觉是最容易唤起我们生命质感的感觉,因为触觉,感觉到生命时时刻刻在生长,在跃动,因此,有人把触觉叫作"生命觉"。

  当我们问"如何在当下安静地触摸?"时,就会慢慢体会到触觉的力量,在触摸中,我们感触到了世界的丰富性,并且在当下就能意识到生命蓬勃的活力,在当下就能传递生命的温暖。如果我们都不愿意在当下花几分钟时间安静地触摸一张桌子、一朵花,不愿意给我们所爱的人一个深情的拥抱,不愿意去拍拍那个痛苦的人的肩膀,又怎么可能过好这漫长的一生呢?

意识：如何觉知到我的意识？

什么是意识？

我们之前分析了视觉、听觉、嗅觉、味觉、触觉这五种感觉，不知道你有没有意识到，我用了"意识"这个词语，意识到什么呢？就是那五种感觉有一个共同点，单独通过器官并不会产生感觉，真正产生感觉的，最后都追溯到大脑。没有大脑的工作，眼睛就无法看到物体，耳朵就无法听到声音，鼻子就无法嗅到气味，舌头就无法品尝到味道，身体也就不会有触觉，因为大脑，整个身体的器官活了起来，能够对外来的各种刺激和信息做出反应，形成了各种感觉，也可以说，形成了我们生活的世界。

一切，都是大脑在工作，而大脑所做的工作，一般叫作意识。在听的过程中，大脑会产生分析、判断、感受、情绪和记忆，笼统地讲，这些都可以叫作意识。意识常常是"心智"的同义词，在东方传统思想里，也可以看作"心"的同义词。

意识可能是我们生活中最熟悉而又最神秘的事物。它可定义为对外部和内部信息的感知和理解，并与之交互作用的能力。关于"什么是意识？"这个问题，就好像"什么是心？"这个问题一样，都是最难说清楚的问题，自古以来，围绕这个问题，一直有无数科学家进行着各种探索，也产生了各种理解，有两种解释是最常见的。一是"生理主义"理论，即意识是由大脑神经元的活动产生的。基于这个观点，科学家通过观察大脑的电信号、神经成像等技术，试图揭示意识的机制和产生方式。二是"经验主义"理论，即意识是通过感知和体验形成的。根据这个观点，我们的意识是由我们对周围环境的感觉、情感和思维所形成的。

意识的本质和起源仍然是一个未解之谜，但它的存在和作用已成为人类思考和探索的重要方向。而意识的作用是清晰的，意识帮助我们解释万事万物，赋予世界以意义和价值。通过意识，我们能够感知、思考、记忆和体验，从而对于宇宙和生命有更深入的认识。

那么，意识有什么作用呢？美国纽约州立大学心理学教授理查德·格里格和菲利普·津巴多在《心理学和生活》一书中，界定了意识的三个不同水平："它们粗略地对应于：（1）基本水平，对内部和外部世界的觉知；（2）中间水平，对你所觉知的一个反应；（3）高级水平，对你自己作为一个有意识的、会思考的个体的觉知。在基本水平上，意识是对你正在知觉和对可知觉的信息进行反应的觉知。在这个水平上，你逐渐觉知到背景中钟表的嘀嗒声或感到饿了。在第二个水平上，意识依赖于将你从真实客体和现在的事件的局限中解脱出来的符号知识。在这个水平上，你可以思考和操纵不在眼前的客体，想象成新的样子，并使用它回忆过去或计划将来。意识的高级水平是自我觉知，认识或觉知个人经历的事件具有自传特征。"

他们又提到意识可以帮助我们生存。一是对你所觉察的和你所注意的范围进行限制从而减少刺激输入的流量，帮你过滤掉多数与你即刻目标和目的无关的信息。二是帮你完成选择储存功能。三是让你基于过去的知识和对不同后果的想象来终止、思维、考虑不同的方案。如果没有这种意识，你也许会在饿的时候，只要看到苹果，就想把它偷来。

认知科学家丹尼尔·丹尼特（Daniel Dennett）在《心灵种种：对意识的探索》一书里，提出了四种心智模式，也就是把大脑分成了四种机制。第一层（底层）叫达尔文心智，受本能的驱动，看到蛇会害怕，听到噪声会烦躁，是大脑经过长期演化习得的进化模板。第二层叫斯金纳心智，在本能的基础上，利用刺激，而且还可以用代币进行刺激。这两层心智是所有动物共有的。第三层是波普尔心智，意味着你在头脑中对一些事情提前进行测试，这就是人类最重要的能力，对真实的世界予以抽象，并在头脑中进行预演和测试。第四层是格列高利心智,不再依赖自己的判断,而是依赖社会习俗的判断。如果你将波普尔心智比喻成人类大脑模拟真实世界的那台虚拟机,那么,格列高利心智这台虚拟机就不再是人类个体而是由人类群体制造的了。

丹尼尔·丹尼特把大脑比作一台机器,试图说明意识是如何产生作用的,或者解释大脑的运作机制。他在另一本名为《意识的解释》的书里,更全面地分析意识。他在第一章《序幕:幻觉如何可能?》的一开头就引用了一个著名的名为"缸中之脑"的实验。拉里·普特南(Hilary Putnam)1981年在他的《理性、真理与历史》一书中,提出了一个思想实验:"一个人(可以假设是你自己)被邪恶科学家施行了手术,他的脑被从身体上切了下来,放进一个盛有维持脑存活营养液的缸中。脑的神经末梢连接在计算机上,这台计算机按照程序向脑传送信息,以使他保持一切完全正常的幻觉。对他来说,似乎人、物体、天空还都存在,自身的运动、身体感觉都可以输入。这个脑还可以被输入或截取记忆(截取掉大脑手术的记忆,然后输入他可能经历的各种环境、日常生活)。他甚至可以被输入代码,'感觉'到他自己正在这里阅读一段有趣而荒唐的文字。"这个实验指出了人类意识的一个困境——我们很难意识到真相是什么。很像中国古代庄子的一个寓言,梦到蝴蝶,不知道是蝴蝶在自己的梦里,还是自己在蝴蝶的梦里。

丹尼尔·丹尼特说《意识的解释》一书，将力图解释意识，要打破意识的解释似乎不可能这样一种观念魔咒，他用了软件、虚拟机器、多重草稿、小妖的群魔混战、换掉剧场、见证者、核心赋义者、虚构物等隐喻和途径，来解释意识的运作机制。但通读完全书，我们会发现，书中并没有提供一个关于意识运作的公式，而作者想要表达的是：意识是被解释出来的，意识是解释活动的产物。

这让我想起萨特说过的关于简历的例子，萨特说每个人的简历，看上去都很简单，但实际上并不简单，因为每一个环节都是我们自己选择的结果，而选择来自对事物的解释。也就是说，面对各种情况，我们每一天都在做出自己的解释，然后，会做出各种选择，不同的选择造就了不同的命运。那么，解释又是怎么来的呢？这样问下去，又回到了原来的起点——什么是意识？什么是心？意识如何作用？心如何作用？这样的问题，会让我们陷入一种语言的循环，很难有一个清晰的答案。再次提醒我们，意识也罢，心也罢，是非常个人化的，真正要了解其中的秘密，要靠个人去觉知，觉知到我的意识。所以，关键的问题在于：

如何觉知到我的意识？

这个问题把我们带回一个原点，为什么呢？因为想要回答

"我如何觉知到我的意识？"这个问题，首先要回答"我以什么为工具去觉知我的意识？"。当我们问"我以什么为工具去觉知到我的意识？"时，就会发现一个基本的事实，那就是我们来到这个世界，只带着一副躯体，仅此而已。虽然我们对一切一无所知，但我们能够确切地觉知到这副躯体，能够确切地知道这副躯体有眼睛、耳朵、鼻子、舌头、身体、大脑这六个主要的器官。

虽然我们无法参透这副躯体的所有秘密，但我们能够确切地知道，我们对自己的认识，以及对世界的认识。我们每时每刻活着的感觉，我们一生作为人活着的意义，都来自这副躯体。也就是说，没有了这副躯体，一切都无从谈起。这副躯体的奇妙之处在于它通过大脑产生意识，意识赋予了其他的器官具有感觉的能力，从而产生了视觉、听觉、嗅觉、味觉、触觉等感觉。这副躯体确实很像一台电脑，眼睛、耳朵、鼻子、舌头、身体很像硬件，脑神经很像软件。五个硬件加一个软件，正好是我们所说的身心，它们相互配合，形成了我们的人生。所以，要想解答"我如何觉知到我的意识？"这个问题，第一步，我们首先要回到原点，回到最基本的事实——我唯一拥有的，只是一副像电脑那样在运转的躯体，也就是身心，我们必须回到身心，才能开始觉知到意识。

第二步，当我们认识到身心是由五个硬件和一个软件所构成，好像电脑一样在系统化地运作时，"意识"这个软件就成了一个关键点，成了动力性的因子。即使"意识"是一个永恒的谜，但对个人而言，仍然可以做到"意识到意识"。要弄明白"意识到意识"，需要进行一个简单的梳理。我们刚刚来到这个世界上，对一切都懵懂，我们来到了某个国家或者某个城市，在一个被称作社会的场域里生活，一直到死亡。饿了，我们就想要吃饭；困了，我们就想要睡觉；遇到好事，我们就高兴；遇到坏事，我们就愤怒；长大了，我们要读书、考试、找工作，然后为晋升奋斗。一切，好像都是与生俱来的，我们就这么按照本能活着。这些就是意识的第一个阶段——本能的阶段。我们的想法、情绪和观点都因我们遇到的情况而产生，一切都是本能，不需要思索。

但某个时刻，我们突然有了反思，就会发现这种所谓的本能，其实并不是本能，并不是我们本来就有的，有些是人类在漫长的进化中习得的，有些是我们在社会化生活中接受的影响。比如，当我们遇到陌生的、不确定的东西，会感到恐惧，这就是原始时代丛林生活留下的印记，这种印记形成了一种恐惧意识，沉淀在我们内心深处。今天我们早已走出了原始丛林，但当我们感到恐惧时，就会马上陷入恐惧的情绪，恐惧占据了我们的整个意识；但当我们一旦意识到恐惧不是本能，而是一种外来的干扰，那么，我们对于恐惧意识，就有了意识，我们能意识到恐惧意识，这个时候，觉知就产生了。

再比如，当我们做事情不太顺利时，就会有挫败感，整个人被失败意识控制，变得萎靡不振；但当我们意识到失败感不是本能，而是社会生活中的竞争造成了胜利和失败的分别心，是社会化的产物，是一种外来的干扰，那么，我们对于失败感，就有了意识，我们能意识到失败意识，这个时候，觉知就产生了。

再比如，当一只苍蝇或者蚊子，停在了我们的额头上，我们本能地就会去拍打它，但对于有打坐经验或者有冥想经验的人来说，他们就会知道，拍打的行为不是本能，而是我们的身体在受到了外在刺激后，产生了不舒服的意识，我们因此才有了拍打的行为。如果我们只是感受它的叮咬，意识到这种"不舒服"，只是一种不舒服，不去做出什么评判，我们会发现只需要静静地待上几秒钟，或者几分钟，这种不舒服就消失了，这个时候，觉知就产生了。

一旦觉知产生，问出这样的问题，马上就找到了人生最基本的切入点：如何以意识，或者说以心去带动身心这个动力系统，让它按照生命的内在节奏美妙地运转？一旦我们找到了这个问题，就能马上回到当下，回到当下的各种感觉，把各种复杂的人生现象还原到基本事实——呼吸和感受。然后，觉知到意识，一旦我们觉知到意识，觉知到我们的心在如何，我们的人生就会变得可控。

自我：如何找到真正的自我？

什么是自我？

关于自我，严格地说，是自我意识。前面我们已经讲过意识，意识透过眼睛、耳朵、鼻子、舌头、身体、大脑接收外来的信息，进行分别、判断，做出回应，在回应中构建人生的一切，一般意识的内容大致分为四种。

第一，外部意识（external awareness）：这是对外部环境和感知信息的意识。外部意识涉及对周围环境的感知，包括通过感觉器官（如视觉、听觉、嗅觉、触觉和味觉）接收到的信息。当我们意识到周围的人、物体、声音、气味和触觉刺激时，我们就展示了外部意识。

第二，内部意识（internal awareness）：这是对内部体验和个体心理状态的意识。内部意识涉及我们自身的感受、思考、情绪、意图、记忆和自我反思等方面。当我们意识到自己的情绪状态、内心的冲突、思考过程或回忆时，我们就展示了内部意识。

第三，自我意识（self-awareness）：这是对自己作为一个独立个体的存在和身份的意识。自我意识涉及我们认识自己作为一个独特的个体，并具有持续性的自我认知。当我们能够意识到自己的存在、意图、欲望、信念和价值观时，我们就展示了自我意识。

第四，知识意识（metacognition）：这是对自己的认知过程和知识状态的意识。知识意识涉及我们对自己的认知能力、学习和记忆过程的觉察，以及对我们所了解的事物的知识和了解程度的意识。当我们能够意识到自己的知识水平、记忆能力和思维策略时，我们就展示了知识意识。

其中自我意识最为核心，因为自我意识带来了主体——我。所有的思考、情绪、思想、观念、行为背后，都有一个"我"，是"我"在吃饭，是"我"在思考，是"我"在高兴……

当我们谈论如何生活，实际上是在谈论"我"应该如何生活。当我们问"如何觉知到我的意识？"核心是"我"的意识，一旦弄清楚"我是谁？"，意识的问题就迎刃而解了。根本上，所谓意识，就是"我"的意识，是"我"在意识。所以，认识自我，就是认识核心的动力。那么，什么是自我？我们不进行理论的讨论，只基于常识对于自我做一个简单的分析：第一，自我意味着某个身体——我的身体样貌，是"我"，以及别人能够感知到的"我"；第二，自我意味着某种心理状态——我的情绪、想法、思维等，是"我"，以及别人能够理解到的"我"；第三，自我意味着某种社会身份——我在家庭、单位里的各种身份，是"我"，以及别人能够观察到的"我"。生理的、心理的、社会的。三个层面的"自我"，为我们的自我认识提供了最基础的依据。

如何认识自我？

如何认识自我呢？针对这个问题，心理学、文学、社会学、人类学、医学等各门学科以及不同的宗教，都给出过不同的理论与解答。但对于我们普通人而言，过分地钻研这些理论，并没有多大意义，反而在理论和概念的相互纠缠里，忘了生活本身的意义。我们应该问问自己：为什么要认识自我？不是为了认识自我而认识自我，而是希望让自己变得更好。透过认识自我，是为了让自己变得更好，我们不能偏离这个目标。针对这个目标，如何认识自我呢？如何让自己变得更好呢？我认为我们应该把握五个关键点。

第一点，认识自我，认清自我的首要原则是要自尊，也就是要自己尊重自己。自尊来自自信，而自信来自自我的觉醒，也就是指我们要意识到自己是一个人，是一个独立的人。佛陀诞生，来到人间，说的第一句话是："天上地下，唯我独尊。"这是个人的觉醒，意味深长。当然，这个自尊不是自大，而是自己首先尊重自己，才能尊重别人，才能获得别人尊重的意思。自尊，是让自己变得更好的一个起点。

美国诗人沃尔特·惠特曼（Walt Whitman）写过一首名为《自己之歌》的诗歌，里面有一句写道："我歌唱一个人的自身，一个单一的个别的人。""我是一个人，是一个独特的人"，这种意识在人类历史上，就像火光一样，照亮了无数人黑暗的内心，这是人类黎明的开始。人类在很长时期里，把自己限制在固定的社会身份中，比如，如果自己是个奴隶，那就一辈子都是奴隶，个人被社会身份所框定，无法改变。当佛陀出现，他说每一个人都能成佛，每一个人都有佛性，这在当时实行种姓制度的印度，是颠覆性的革命。这种说法把人解放了出来。人不再是工具，而是一个独立的生命，可以选择自己的方向，决定自己的命运。而这一切，都是从我们意识到自己是一个独立的人，从自己尊重自己开始的。

当我们讨论自我,讨论如何认识自我,讨论如何让自己变得更好时,我们首先应当认同一个基本的原则,就是每一个人都是独立的平等的人。我应该成为一个独立的人,一个平等地看待其他人、其他生命的人。这是一个前提。

第二点,自我不是同一的、固定的存在,而是多个"我"之间的相互矛盾的存在。比如,想吃甜点的我和另一个为了健康而节食的我;想要堕落的欲望和想要崇高的渴望,都同时存在于我们的身上。奥地利心理学家、精神分析学派创始人西格蒙德·弗洛伊德(Sigmund Freud)在其著名的人格结构理论中所说的"本我"(id)、"自我"(ego)、"超我"(superego)的概念,揭示了这一点。"本我"就是被本能的原始欲望控制的"我",它遵循的是快乐原则,常常处于意识的深层,不容易被察觉,却具有巨大的能量,不知不觉地影响着我们的生活。"超我"是由道德感和良心构成的价值体系,遵循的是至善原则。主要的作用是压制"本我",以使得"自我"更符合社会伦理和人类理想。"自我",遵循现实原则,调节"本我"和"超我"之间的矛盾,以合理的方式来满足"本我"的要求。

因此,压抑成为一种普遍的心理问题。因此,不存在一个完美的自我,我们只能接受不完美的自我,接受相互冲突的多个自我。学会治愈，学会平衡，让自己变得更好。认识自我，找到更好的自己，就是一个治愈的过程，一个平衡的过程。

第三点，自我不是一个空洞的存在，而是一个有着不同需求的生命体。美国近代社会心理学家亚伯拉罕·H.马斯洛的需求理论，讲了人类的五种基本需求，也是认识自我的五种角度。第一是生理层面的需求，食物、水、空气、睡眠、性等；第二是安全层面的需求，稳定，受到保护，免于恐惧和焦虑；第三是社交层面的需求，我们需要和他人建立良好的人际关系；第四，尊重的需求，自尊和希望得到别人尊重；第五，自我实现的需求，我们需要实现自己的能力和潜力。后来在发展过程里，马斯洛又加了两种需求——认知需求和审美需求。认知需求就是好奇心、探索、意义、可预测性需求；审美需求，就是欣赏和寻找美，超越需求，神秘的经历、宗教信仰等需求。

既然是需求，认识自我的过程，就是不断解决需求的过程，让自己变得更好，不是靠空谈，也不是靠虚幻的情怀，而是靠实实在在的解决需求的能力。自我，应该是一种不断生长的能力，也就是说，能力才是自我最可依靠的东西。

第四点，自我不是某种固定的身份或性格，也不是某种固定的能力，而是一种可以不断超越自己的、无限的能量。《金刚经》

里说:"若菩萨有我相、人相、众生相、寿者相,即非菩萨。"这句话点出了自我的四个维度。第一,是我们的身心(我相),我们的样子,以及我们的心理活动,构成了最为人熟悉的自我。第二,是人性(人相),构成更深广的自我,我们每一个人都沉淀着人性。第三,是生物性(众生相),构成更深邃的自我,我们每一个人都沉淀着生物性。第四,是时间性(寿者相),构成了更深刻的自我,我们每一个人都沉淀着时间性。

自我不是一个孤立的存在,而是这四种元素因缘聚合的结果,而这种因缘聚合,每时每刻都在变化,所以,认识自我,是一个不断觉知因缘变化的过程。同时,让自己变得更好,是一个不断跳出原有格局的过程。我们首先要跳出个体的我,把个体放在人类这个整体里;然后要跳出人类这个格局,要把人类放在生物这个整体格局里;然后,要跳出生物这个格局,把生物放在时间这个整体里;然后,要跳出时间这个格局,要把时间放在时间之外(无限)。这是《金刚经》揭示的"让自己变得更好"的方向——真正的自我是"无我"。

因此,自我是一种不断跳出来、不断向上飞翔的过程,或者说,让自己变得更好,不过是一个做减法的过程,减掉我们内心累积的各种成见、各种情绪,它们来自我们的身体、脑神经、心灵,也来自人性、生物性、时间性。我们之所以感到压抑,感到疲惫，是因为我们负载了太多的东西，而这些东西，都是经过漫长的积聚，堆放在了我们内心，我们需要洗涤，需要清净。

第五点，在梵文里，自我是"阿特曼"（atman），这个词的原义是呼吸、气息。生命在一呼一吸之间。自我即呼吸。如果我们一下子领会不了前面四点，那么，很简单，回到呼吸，当我们深呼吸，从纷乱的现实里抽身而出，专注于呼吸，我们就踏上了回归真正的自我之路。这是一种最简单的练习，会引导我们认识自我，让自己变得更好。

踏上回归真正的自我之路，意味着存在着一个真正的我，一旦找到一个真正的自我，其他的相互冲突的自我就会远离你，或者转化为某个音符，配合那个真正的自我，发出生命的和谐之音。

德国作家赫尔曼·黑塞（Hermann Hesse）说："对每个人而言，真正的职责只有一个：找到自我。然后在心中坚守其一生，全心全意，永不停息。所有其他的路都是不完整的，是人的逃避方式，是对大众理想的懦弱回归，是随波逐流，是对内心的恐惧。"

但问题来了，如何才能找到真正的自我呢？要想回答这个问题，首先需要理解什么是自我认知。自我认知是指对自己思想、情感、价值观和行为的认知和理解。它涉及对自己的深入思考、反省和观察。自我认知是一个不断发展的过程，可以帮助我们更好地了解自己的需求、目标和意愿。

自我认知对于找到真正的自我非常重要。它使我们能够识别并理解自己的优点、缺点、兴趣和价值观。通过自我认知，我们可以更好地了解自己的激情、愿望和目标，从而更加准确地追求自己真正想要的生活。

内省是一种自我观察和反思的过程。它需要我们放慢节奏，深入思考我们的思想、情感和行为。通过内省，我们可以更深入地了解自己，并找到隐藏在我们内心深处的真正的自我。

我们可以通过一些方法和实践来进行内省。首先，我们可以找一个安静的环境，创造一个让自己感到舒适和放松的空间，尝试冥想或放松的练习，这可以帮助我们专注于内在的体验。其次，我们可以问自己一些关键问题，例如："我是谁？""我真正想要什么？""我对什么感到满意和不满意？"这些问题可以激发我们的思考，帮助我们更好地了解自己的内心世界。此外，写日记或记录自己的想法和感受也是一种很有效的内省方法。通过将我们的思想和感受记录下来，我们可以更清晰地看到自己思维模式和情绪的变化。这也可以帮助我们在不同的时间段回顾自己的成长和变化。

找到真正的自我并不意味着我们需要改变自己来适应他人或社会的期望。相反，它是关于接纳和珍视我们真实的自我的课题。我们每个人都是独特的，有自己的价值观、兴趣和才能。接纳真实的自我需要勇气和自信。我们需要承认自己的弱点和不完美之处，并且不为此感到羞耻或否定。我们也需要明确自己的需求和愿望，并为追求它们而努力。

当我们接纳真实的自我时，我们会发现自己更加自信和满足。我们不再试图迎合他人的期望，而是专注于发展和实现自己的潜力。接纳真实的自我也意味着我们可以建立真诚和有意义的关系，因为我们与他人的互动是基于真实的自己。

找到真正的自我是一个成长和发展的过程。一旦我们开始认识和接纳自己，我们就可以追求我们的目标和意义。

成长需要我们不断学习和发展。我们可以通过阅读、学习新的技能、参与培训和寻求反馈来扩展我们的知识和能力。这些努力有助于我们更好地了解自己的兴趣和激情，并为实现自己的目标提供支持。

追求意义是另一个重要的方面。我们可以通过思考我们的价值观和信念来发现什么对我们来说是真正重要的。我们可以问自己："我想为这个世界做出什么贡献？""我对什么事情感到热情和激情？"通过追求我们认为有意义的事情，我们可以给自己的生活带来更大的满足感和成就感。

最后，找到真正的自我是一个持续的过程。我们随着时间的推移和经历的变化而发展和成长。我们需要保持开放和灵活的心态，持续地进行自我反思和调整。

还有一种简单的方法帮助我们找到真正的自我，我把它叫作聚焦排除法。一方面，我们可以专注于自己喜欢的事情，专注于自己的兴趣和热爱，不顾一切，以自己的兴趣和热爱作为谋生的方法，将工作和生活完全融为一体。这个过程里，真正的自我就会浮现。另一方面，任何时候，不管我是什么样的面目，都用一句口诀提醒自己：这不是我。我们需要不断地否定，不断地排除。比如，这个教授的身份不是真正的我，这个抑郁的我不是真正的我，那么，真正的我在哪里呢？没有答案，在不断的排除之中，我们会融入无限的本源之中。这种方法，一方面让自我有一个坚固的立足点，另一方面可以帮助我们打破我执，突破自我的界限。

还有一个更简单的方法，叫"心安理得"，这是我经常运用的方法。这也就是当我做某件事的时候，如果感觉到特别踏实，特别心安理得，那么，这个时候表现出来的我，是真正的我；如果感到了不安，甚至恐惧，那么，这个时候表现出来的我，并不是真正的我。我会让那个让我安心的"我"不断成长，而让那个让我不安的"我"一点一点地离我远去。

超觉：如何唤醒内在的直觉？

如何唤醒内在的直觉？

意识是一个千古之谜，尽管科学在许多方面对大脑和意识进行了广泛的研究，但我们仍然没有完全理解意识是如何产生的，以及它与大脑活动之间的确切关系。尽管我们可以通过观察脑电图、磁共振成像等技术来研究与意识相关的大脑活动，但这些技术只能提供相关的关联性信息，并不能揭示意识的实质。一个主要的问题是如何将物理过程（如神经元的活动）与主观的体验联系起来。这被称为"硬问题"，这是由哲学家艾弗拉姆·诺姆·乔姆斯基（Avram Noam Chomsky）提出的。硬问题指的是我们如何解释为什么特定的大脑活动会导致特定的主观体验，或者为什么这些物理过程会产生意识。

在我看来，意识的神秘在于两个方面。第一，有一些意识，是我们意识不到的，但确实存在，而且在深层次发生作用。西格蒙德·弗洛伊德用了潜意识这个概念来解释这些"我们意识不到的意识"，潜意识是指那些被压抑、忽视或不受控制的心理过程，它们不会直接浮现在意识层面上。潜意识的内容可能包括被抑制的欲望、不受欢迎的情绪、无意识的信念、过去的经历和记忆等。潜意识的作用在于影响我们的思维、情感和行为，虽然我们并没意识到它们。

西格蒙德·弗洛伊德认为，潜意识是由于个体对于某些冲突、痛苦或不可接受的心理内容进行了压抑而形成的。这些被压抑的内容可以通过梦境、幻想、口误、恐惧症状和其他无意识的行为表现出来。弗洛伊德的精神分析理论认为，通过揭示和理解潜意识的内容，人们可以解决内心冲突和心理问题，从而实现个体的心理健康。

第二，有些意识是生理学解释不了的。一般而言，意识具有现实的基础，即使是潜意识，也大抵是童年时代的记忆沉淀。即使超越了个人的意识，也还是人类的集体记忆，我们可以从人类的文化、历史当中找到源头。但有些意识，好像超越了人类，比如关于上天的意识，完全是想象的产物，但这个想象从哪儿来的呢？说不清。又比如有时候我们会体会到神秘的感应，完全不知道它是怎么来的。从古到今，一直有宇宙意识的说法，认为在人类意识之外，还有更高维度的意识。科学界关于量子意识的研究，也为我们打开了理解意识的另外一扇门。物理学家罗杰·彭罗斯（Roger Penrose）和心理学家斯图尔特·哈默洛夫（Stuart Hameroff）提出了量子心灵理论（Quantum Mind Theory）。他们认为，人类意识和思维过程是由微观量子过程产生的，并且存在于大脑的微观结构中的量子状态中。量子物理学家罗伯特·格里芬斯（Robert Griffiths）提出了一种解释量子力学在认知系统中的应用的观点，叫格里芬效应（Griffiths Effect），认为量子力学的非线性特性可能在神经系统中起着重要作用，并且意识和感知可以通过量子测量和退相干来实现。

我借用"超觉"这个概念，来表示一种动力更强大，但我们往往觉察不到的神秘意识。这种意识有时候被称为直觉，有时候被称为"天理"，有时候被称为"良知"，有时候被称为"量子意识"，有时候也被笼统地称为"心"。不管被称为什么，它都意味着一种无法描述的神秘体验，或者是一种越界，越过了躯体，甚至越过了宇宙的界限。在物理层面完全无法超越这种界限，但在意识层面是可以实现的。有趣的是，意识层面的超越，往往会带来物理层面的超越。一个典型的例子是，原有的现实经验里并没有宇宙飞船，但一旦意识中出现了飞船这种凭空而来的想象，科技真的制造出了飞船，它可以把人带到其他星球。一部科技发明的历史，就是意识改变物理世界的历史。近年来，多种关于宇宙、平行宇宙的意识，虽然匪夷所思，却也让人大开眼界。

什么是超觉？

这很难解释，但是，它带给人们一种觉知，让人们觉知到意识是一个无限的海洋，潜藏着无限的能量与奥秘，就像科幻电影《超体》里说的，我们可能连 0.1% 都没有打开，这个意义上，超觉的意识，开启了永恒的生命之旅。什么是超觉，就像什么是心一样，并不重要，重要的是我们能够觉知到它的存在，尤其是能够觉知到它的非凡力量，因此，真正的问题是："如何唤醒它？"或者说："如何唤醒我们内在的直觉和内在的生命力？"

这个问题意味着一个前提，就是我们的生命，或者我们的意识，常常处于沉睡的状态，需要我们去唤醒，其实沉睡着的不只是超觉、直觉、良知之类，即使是感觉，也常常是沉睡着的。上班路上，我们看到车窗外的花，好像没有看到一样，因为我们的心里塞满了单位里的种种事情，急着要赶到单位；吃饭的时候，我们享受不到饭菜的香味，因为我们的心里塞满了各种各样的算计、考量；睡觉的时候，我们翻来覆去睡不着，担忧着明天股票是不是会下跌；甚至当我们在和爱人亲吻的时候，还想着怎么样签下某个项目……这大概就是很多人的现实生活。我们在生活里纠缠，把感官的通道也封闭了，感性越来越退化，越来越局促在狭小的圈子里。

所以，如何唤醒我们内在的直觉和内在的生命力？第一步：

学会放下。所谓放下，不是把拿着的东西放下，而是在做一件事情的时候，放下各种念头，专心做这件事。比如，当我们在上班的路上看到花朵，就好好欣赏花的美丽，把单位里那些乱七八糟的事放下；吃饭的时候，就好好吃饭，把其他杂七杂八的事放下；睡觉的时候，就好好睡觉，把和睡眠无关的事放下；接吻的时候，就好好接吻，把无关的事情放下。放下，从另一个角度说，是专注，当我们身处某个情景，就专注于当下的情景，专注于当下的感觉，把其他无关的杂念放下。

当这种放下成为一种习惯，慢慢地，你会发现你的感觉越来越敏锐，你会听得越来越清晰，看得越来越清晰，越来越清晰地感受各种气味和味道。慢慢地，你会发现，每一种感觉都可以超越自己，这个时候，就进入唤醒的第二步：学会运用通感。通感（synesthesia）是一种感觉经验的特殊现象，其中一个感觉通常引起其他感觉的自动触发或交叉感知。简单来说，它是一种感官交叉的感觉现象。通感是一种神经生理学现象，被认为是个体感知系统中的异常联结或交叉激活导致的。对于通感的人来说，刺激一个感官通常会引发其他感官的感知经验。例如，当听到特定的声音时，他们可能会看到特定的颜色或形状；或者当尝试某种食物时，他们可能会闻到特定的气味。通感可以以不同形式出现。最常见的形式是图像通感（图形色觉），其中听觉、视觉和触觉感知彼此相互交叉。例如，听到音乐可能会引发对应颜色的视觉感知。还有其他形式的通感，如音乐味觉，其中听到音乐会引发对应味道的感知经验。

诗人运用通感，创造出了"红杏枝头春意闹""黄鹤楼中吹玉笛，江城五月落梅花""竹外桃花三两枝，春江水暖鸭先知"等优美的诗句。我们在现实生活里，体验到通感，可以为我们的感知世界增添独特的层次和维度。

通感的能力透过训练是可以提升的，比如，你可以有意地去观察周围的事物，尤其注意留心事物的颜色、形状、纹理和声音等细节。努力观察并记录你感知到的细节。再比如，你可以有意地改善感官——通过训练和练习来提升感官的敏感度。例如，你可以通过听音乐来培养乐感，通过品尝不同的食物来培养味觉，通过触摸不同材质的物体来培养触觉，等等。定期锻炼感官，可以增加我们对各种刺激的敏感度。再比如，多样化体验，尝试新的体验和活动可以刺激你的感官，并帮助你更好地感知和理解周围的事物。参观艺术展览、品尝新食物、探索自然等活动可以提供丰富的感官体验，并且将你的感官观察和体验记录下来，并进行反思。除此之外，写日记、绘画或拍照都是记录的好方法。回顾这些记录可以帮助你发现模式和趋势，并提供改进的机会。

在通感的体验里，你会发现一个简单的事实，你会发现你在看，但常常忘了是眼睛在看，更加忘了其实不是眼睛在看，而是意识在看；你在听，但常常忘了是耳朵在听，更加忘了其实不是耳朵在听,而是意识在听;你在闻气味,但常常忘了是鼻子在闻,更加忘了是意识在闻;你在品尝,却常常忘了是舌头在品尝,更加忘了是意识在品尝。一旦你意识到,是意识,尤其是意识里的自我意识、超觉和我们的身体器官,以及细胞、神经系统一起,调动起视觉、听觉、嗅觉、味觉、触觉,以及各种神奇的感觉,像是在演奏感官的交响乐,由这个交响乐,你会进入第三步:运用觉知。

所谓觉知,在前面已经分析过,就是意识到意识。一旦我们意识到意识,意识的秘密就会向我们显现。你会发现意识的第一个秘密:一切我们以为理所当然的,其实都不是理所当然的,意识具有一种建构功能,可以一切归零,从新开始。我们不假思索的观念和行为,来自进化而来的所谓本能,以及社会制度造就的各种习俗。一旦我们觉知到意识背后的本能和习俗,不是理当如此,也不是本来如此,觉知就把我们带上了心性觉醒的伟大旅程。

当你觉知到意识,你会发现意识的第二个秘密:并不存在纯粹的主观和客观,物质和精神,而是相互交织,难分彼此。你会发现,几乎所有的科幻,都变成了现实。而你的童年时代的一次创伤经验,成为一种意识,左右着你几十年的生活。而你真心的一个发誓,一下子就把你决定要舍弃的东西隔离在外面,远远离你而去。同一件事,因为不同的解释,带来的是不同的现实。

当你觉知到你可以决定意识，当你觉知到意识和现实之间的相互交织，你就会进入第四步：运用转化的力量。我们改变不了这个世界，也改变不了我们的环境，改变不了很多很多事情，但我们可以在当下就改变自己的念头，改变自己的感觉，改变自己的思维，改变自己的行为，一旦改变发生，就会带来系统性的变化。也就是说，我们改变不了什么，但我们可以以意识转化一切。

在学习转化的过程里，你会找到三种转化的驱动力，一种叫兴趣和热爱，一种叫意义，一种叫本来的样子。兴趣和热爱是初阶的，可以把我们的生活转化成"过自己想过的生活"。意义是中阶的，可以把我们的生活转化成"有使命感的生活"。本来的样子是高阶的，可以把我们的生活转化成自己法则的节奏。

一旦我们找到这三种驱动力，那么，做什么事情都会顺畅。比如赚钱，假如你只是为了赚钱而赚钱，那么，赚钱是一件辛苦的工作；但假如你以自己的热爱和兴趣去赚钱，那么，赚钱就成了一件好玩的事；假如你带着使命去赚钱，那么，赚钱就成了一件自然而然的事情；假如你带着本来的样子去赚钱，那么，赚钱就不是难事。

转化的力量对于你的生命真正开始产生作用，你就进入了第五步：用心活着。这个阶段的特点是自在，和你做的事在同一个频道，做起来很轻松。一句禅诗可以形容"用心活着"的状态："空手把锄头，步行骑水牛。人从桥上过，桥流水不流。"

这是生命唤醒的五个阶段,是一个长期的在日常生活里坚持的过程,然后,某一个时刻像花一样突然开放,整个的生命好像花一样盛开,宁静中充溢着蓬勃的活力。

第六章 人生解惑包

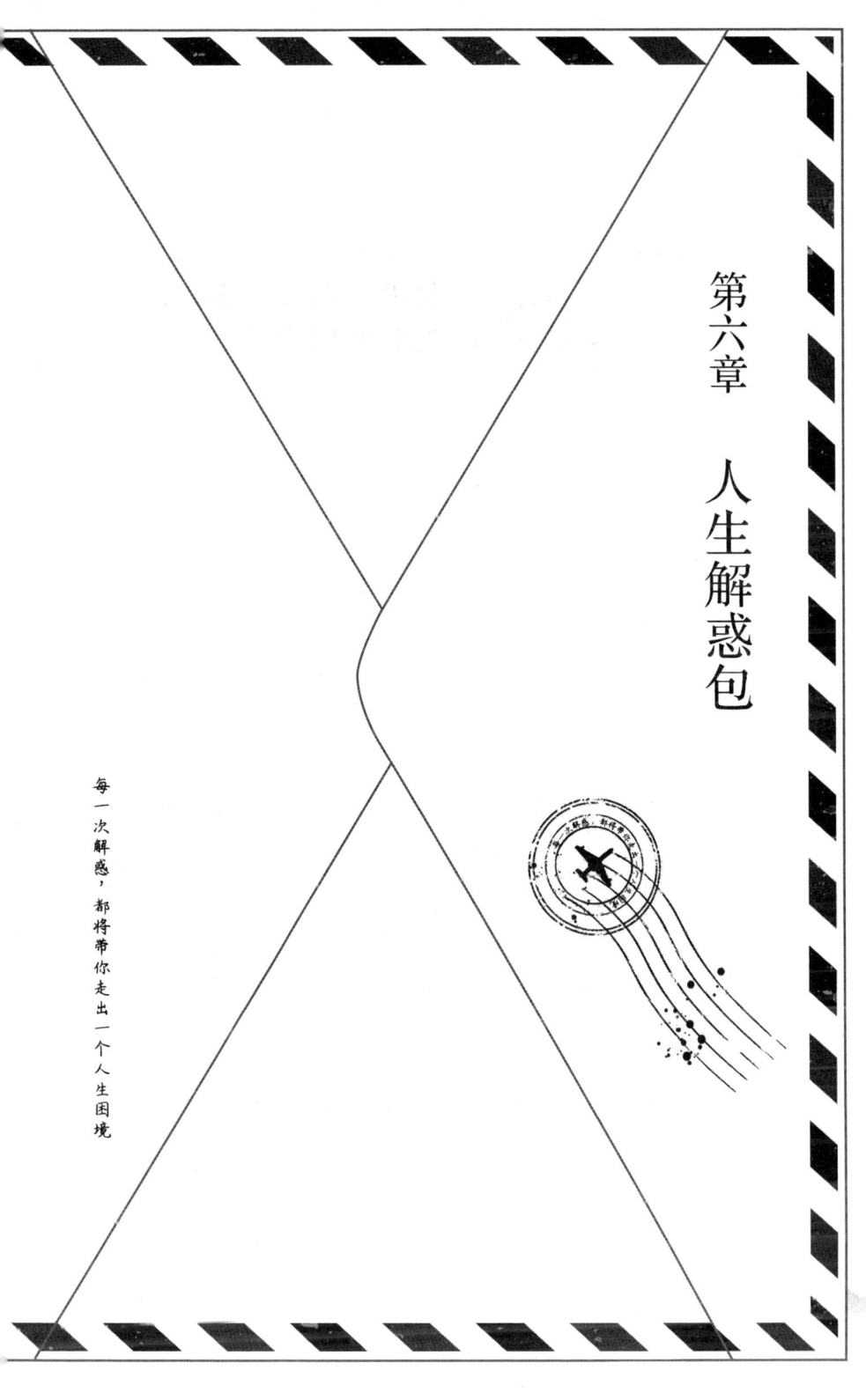

每一次解惑,都将带你走出一个人生困境

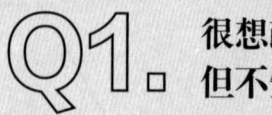

Q1. 很想改变自己的状态,但不知从何做起。

费勇老师:

您好!

我一直很想改变自己的状况,但不知从何做起,这一点很困扰我。

青春期时,我的脸上长了很多痘痘,这导致原本开朗的我变得自卑又拘谨,整个人从一个很外放的状态变得很内敛,渐渐地不太爱与人交流,加之高中时期学业加重,我似乎习惯了把很多事憋在心里,不会与人沟通,只喜欢通过文字的形式抒发一下情感。

虽然现在的我早已过了青春期,但这种习惯好像长在了我的身上,我不太会与人沟通,一方面似乎很怕别人知道我心中的真实想法，从而看穿我；一方面又很在乎别人对我的看法，怕不被人理解，所以觉得与其这样，不如就把很多事放在心里，不去说出来。就连和好朋友相处，我也只愿意分享好的事情，那些不好的事，我不愿意去倾诉。

遇到不得不沟通的时候，大部分情况下，我只会用文字去表达，如果要把文字的内容说出来，我好像就不知道从何说起，不知道该如何去表达。

但是我真的非常想改变这种状态，想让自己渐渐地把心打开，活得敞亮一点，让自己从封闭的状态走出来。

从某种方面来讲，我有时还很羡慕"泼妇"，虽然这不是什么好词，也是另一种极端，但是能尽情地释放心中所想，不管旁人如何看待的状态，是我很久都未体会过的。

希望您能给我一些建议，谢谢老师。

答 //

这个提问，表达的是自己目前的状态，是自己觉得有问题，但又不知道如何改变。这是什么状态呢？大约就是有点自我封闭，不愿意和人交流的状态。然后，你分析原因，认为是青春期脸上长的青春痘，使得自己变得自卑与拘谨，后来虽然青春痘消失，但自卑与拘谨却成了一种习惯，使得自己越来越不会与人沟通，越来越怕别人知道自己的心思，也很担心别人的看法。

这里最大的问题在我看来，是你把因果颠倒了。实际上，导致你自卑和你对别人看法的过度关注并非因为青春痘，而是源于你的自卑心，但是你却把问题聚焦在了"青春痘"上。

大多数人在青春期都会长青春痘，这不过是一种自然的生理现象，如果是一个不太在乎别人看法的人，就不会把它当回事。如果是一个很在乎别人看法的人，就会觉得是一个很大的困扰，激发起内心的自卑，影响到整个人生。

因为自卑，导致你对自己的一切都不满意。你提到自己不爱和人交流，不喜欢向朋友倾诉不好的情绪，喜欢用文字来进行表达等，这些并不是什么问题。像我，我从小就不太喜欢和人当面沟通，更喜欢用文字来表达，现在还是这样，一般是发文字信息。有很长一段时间，我甚至很害怕用电话和不太熟悉的人说话，觉得很尴尬，更喜欢发短信沟通。20世纪90年代我读倪匡的书，他在书里写到了金庸，我才发现金庸居然也同样不喜欢当面或电话沟通，喜欢用文字来沟通。即使你到了他办公室，他也喜欢给你写信。比如，倪匡要求加稿费，金庸完全可以当面和他沟通，但金庸洋洋洒洒写了一封信给倪匡。

从小到大，我也几乎从来不会向朋友倾诉，尤其是遇到郁闷的事情，即使是面对少数的亲密朋友，我也不会告诉他们。我觉得这些烦恼的事情，只有自己能够解决，和朋友说了，没有什么意思。朋友在一起，就应该开开心心，云淡风轻。

甚至就连人生中的某些关键时刻，比如辞职，或者遇到重大的挫折，我也几乎不和任何人讨论。因为我觉得每一个人的背景、立场不同，很难给出什么意见。只有自己最清楚自己。比如，辞职那一次，我连家里人都没有商量，自己默默思考之后，想明白了，马上就辞了。

一直以来，我就是这样。为什么我从未觉得有什么问题，而同样的状况，在你那里，就成了问题呢？这背后是自卑心理在作怪。

但你没有觉察到这一点，而是把原因归结为青春痘。当然，想得更深入些，也许你可以发现你有一种隐藏的恐惧——不敢面对真正的问题，也并没有真正想要改变自己。你害怕改变。害怕自己承担责任，你把一切归因于青春痘，是一种迂回的逃避。但引发的是更多的混乱，会让自己陷入一团乱麻之中。

真正的问题并不是青春痘，而是"太在乎别人的看法"，以及自卑心理。所以，你要解决的是"如何不太在乎别人的看法"以及"如何克服自卑心理"。

你在提问里讲到"从某种方面来讲，我有时还很羡慕'泼妇'，虽然这不是什么好词，也是另一种极端，但是能尽情地释放心中所想，不管旁人如何看待的状态，是我很久都未体会过的"。这其实是你无意中提到的一种方法，这对于训练自己不太在乎别人的看法，克服自卑，可能会有简单直接的效果。那么，不妨试一试，在某一个无关紧要的事情上，让自己表现得像一个"泼妇"，让别人大吃一惊。或者换一种方式，在某一天，穿一套以前完全不敢穿的衣服，走出去，看看别人的反应。不论你表现得多么怪异，天都不会塌下来。我们总以为别人在关注我们，其实并没有人在关注我们。偶尔做这样一些"出格"的行为，也许会让你走出封闭的状态。

关于自卑，其实每一个人都有自卑感，这是正常的现象。最重要的是，奥地利精神病学家阿尔弗雷德·阿德勒（Alfred Adler）有一个洞见："人类改善自身处境的行为正是源于自卑感。"

（《自卑与超越》）也就是说，自卑，被认为是一种心理障碍，但实际上，它可以成为我们改变自己处境、让自己变得更好的动力。

把自我封闭的状态归因于青春痘，好像有点极端，但事实上，在生活里，这样的归因思维，到处都是，一不留神，我们就会陷入这样的思维怪圈。比如，我们很容易把自己婚姻的不如意，归因于自己的原生家庭；把自己的失败，归因于运气不好。如果糟糕婚姻的原因是原生家庭，原生家庭是一个既定的事实，我们已经没有办法去改变；如果失败的原因是运气不好，运气是一个不确定的飘忽的东西，我们完全没有办法去改变。就好像青春痘，是青春期时正常的生理现象，怎么去改变呢？这些早已经过去的过去，不应该滞留在心里，应该让它们随风而去。

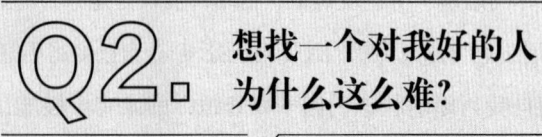

问 Q2. 想找一个对我好的人为什么这么难?

费勇老师：

您好！

我这两天的心情不太好，思考了三天，冷静了一天。原因是我今年三十三岁了，但还没结婚，经历过的对象也都存在着各种问题，当然我自己也有问题，我也想改变。我想找的只是一个能对我好、能感受到我情绪的人，可不知道为什么这么难。

答 //

这个提问包含了三个层面的意思：第一，这几天心情不好，思考了三天；第二，思考了三天，得出的结论是，心情不好，是因为三十三岁了，还没有结婚；第三，把婚姻理解为找到一个对自己好、能感受自己情绪的人。然后，问了一个问题：为什么找一个能对我好、能感受我情绪的人这么难？

基本事实其实只是：这几天心情不好。所以，真正的问题是：如何让自己的心情好起来？回答这个问题，就必须找到心情不好的原因。在你自己看来，是因为三十三岁还没有结婚，并进一步归纳为：因为找不到一个能对自己好、能感受自己情绪的人。因此，你提出的问题是：为什么找一个能对我好、能感受我情绪的人这么难？这个问题只会使你的心情更加不好。因为这个问题完全是不可控的，是一种已经形成的现状，一种已经形成的结果。当我们问"为什么这么难"时，事情就会真的很难。但再难的事，如果你从解决问题的角度出发，都有解决的办法。

如果我们想真正解决问题，不想让自己的人生陷入纠缠不清、看不到希望的境地，那么，我们首先应该回到基本的事实：心情不好。要解决的是：如何让自己的心情变得好起来？进一步要问的是：现在我能够做什么使得我心情好起来？这才是当下的真正问题。这个问题是让你去做什么，而不是去思考三天，结果是在一个解决不了的问题里纠缠，陷入一个泥潭之中。

假使我同意你的说法，心情不好是因为没有结婚，而结婚，需要遇到对自己好的人，所以，你陷在了"为什么找不到对我好的人"这样一个问题里。能够做的，就只有抱怨了。

如果再进一步去思考：为什么我结不了婚？为什么我遇不到对我好的人？再进一步，聚焦到：我做什么能够使我顺利结婚？我做什么能让我遇到对我好的人？这些问题就变得可以解决，而且可以马上去做点什么，开始自我成长的旅程。当你自己成为一个善解人意的人，你的世界就会发生变化。想让别人成为善解人意的人，是很难的，但让自己成为善解人意的人，并不困难，只要你愿意就可以，只要你愿意马上就可以开始。

回到基本事实，心情不好，怎么办？假如我们同意你的说法，心情不好是因为结不了婚，也就是说，结婚会让我心情变好，遇到对我好的人，会让我心情好。那么，马上就去相亲、去约会，也比思考三天，苦苦地想着为什么遇不到对我好的人，更能有效地让自己心情好起来。

假如我们想更彻底地解决问题，那么，也可以从另一个角度去思考，对于意识进行清理。想一想，真的是结不了婚让你心情不好吗？其实，是你内心的结婚意识让你烦恼。美国一个心理学家发现，他五十岁后经常感冒，当他在思考为什么的时候，发现自己长期以来有一种观念，就是认为五十岁以后的人会经常感冒。当他努力把这种意识清除掉的时候，感冒的次数居然变少了。

　　真正让你心情不好的，是"人一定要结婚"这种观念。不妨反思一下，人一定要结婚的观念是哪儿来的？实际上，人是不一定非要结婚的。有些结婚的人过得很幸福，有些不结婚的人过得也很幸福，有些结婚的人过得很烦恼，有些不结婚的人过得也很烦恼。所以，结婚不过是一种社会机制，并不是人生的必需。还有，结婚不是你一个人能够控制的，需要随缘。刻意地为了结婚而去追求结婚，带来的常常是后悔。不如一个人先好好过、过好自己，缘分到了自然就会结婚。只有先独立，活出自己，结婚才有意义。把人生的意义寄托在婚姻上，基本意味着这一生很难过好。婚姻真的不重要。一旦弄清楚了结婚意识，解决心情不好的问题，就变得很容易。

问 // Q3. 喜欢的事情太多了，但精力不够，怎么办？

费勇老师：

您好！

我一直在寻找自我，我遵从着自己的心，找到了很多爱好和喜欢做的事情。但现在的情况是我喜欢做的事情太多了，而且似乎我都能把它们做好，但我的精力又不够，我试图放弃一些爱好，把精力集中在其中一种爱好上，但总是无法取舍，我非常困扰……因为想要做好一件事，必须专注。我不希望自己最后变得博而不精。但我心里是真的对很多爱好都有兴趣，很喜欢做这些事。我该怎么做呢？

答 ||

该怎么做？答案只有自己知道。但这个问题提得非常好。值得我们讨论。我们喜欢做的事情，往往很多，而且好像都能把它们做好，但另一方面，人的精力又确实有限，都做好其实是都没有做到最好。所以，这位朋友才会产生疑问——我该怎么办？

答案其实是明显的。就是做减法。

如何做减法呢？王阳明曾经和一个朋友讨论过这样的问题，王阳明一开始说："学贵专。"那个朋友说确实如此，他小时候喜欢下棋，很专注，下得打遍天下没有对手。但王阳明接着说："学贵精。"那个朋友又说，确实如此，我稍许年长之后喜欢文学，开始的时候很多文学流派都很喜欢，最终归于汉魏，收获很大。

王阳明接着说："学贵正。"那个朋友又说，确实如此，我中年之后喜欢圣贤之道，对于年轻时候的下棋和文学，都不大以为然。因为人的心装不下那么多东西。有圣贤之道就可以了。王阳明接着说：是的。学习下棋叫作学，学习诗词文章叫作学，学道也叫作学。但学道和前面的学习，有很大的不同。道，就是大路。对外而言，荆棘丛生，很难走上大路。所以，专注于道，才是真正的专注；精通于道，才是真正精通；假如专注于下棋但不专注于道，那么这种专注其实是一种上瘾；如果精通文学而不精通道，那么，这种精通其实很小众，甚至有点怪异。

然后，王阳明说了一段有点玄妙的话："夫道广矣大矣，文词技能于是乎出；而以文词技能为者，去道远矣。是故非专不能以精。非精不能以明。非明不能以诚。故曰'惟精惟一'。精，精也；专，一也。精则明矣，明则诚矣。是故明，精之为也。诚，一之基也。一，天下之大本也。精，天下之大用也。知天地之化育，而况于文词技能之末乎？"（《送宗伯乔白岩序》）

这一段话里，包含了三个意思。第一，人只要专注于一件事，就能把这件事情做好。所以，一定要专注。第二，仅仅专注于一件事，精通于一件事，还不是真正的专和精，真正的专和精，是专注于和精通于方法论和本源。所以，这个精不完全是精通，还有精粹的意思。第三，我们做事要找到种子，要从内心找到种子，这个种子，就是一，就是天下的本体。

怎么能够回到本体呢？要靠诚，就是内心符合天理，不欺骗自己。如何诚呢？要靠明。明，明白，洞察。如何明呢？要靠精，精粹。如何精呢？要靠专一。

这里面有一个很关键的环节，就是精。精了以后就能明。这个环节，王阳明在其他地方用了镜子来做比喻，就是我们必须越来越纯粹、越来越精确，就像镜子一样，只有把镜子上的尘埃全部去掉，才能照见一切。我想再重复一下王阳明的意思。

我们做什么事，其实并不是关键，关键是找到种子。去哪里找种子呢？回到内心。怎么样才能回到内心？要精，就是要让心变得越来越纯粹。当心纯粹了，那个真正的我出现了，大道也就浮现了。这应该是最高级的取舍方法了。

Q4. 人类会灭亡吗?

费勇老师:

您好!

我想和您探讨一下:地球会毁灭吗?人类会灭亡吗?

答 II

　　这个问题我很喜欢。这一类的问题我都很喜欢，因为这类问题把人一下子放到宇宙这个大背景下，这是霍金所说的大问题。大问题不在于有没有答案，而在于它会让我们从日常平庸的琐事里跳出来。我最近在读英国社会学家齐格蒙特·鲍曼（Zygmunt Bauman）所著的《废弃的生命》。这是一本很有趣的书。书的一开始就提到了伊塔洛·卡尔维诺（Italo Calvino）的小说《看不见的城市》，这篇小说里有一句话令人很难忘的话："昨天的垃圾堆积在前天的垃圾上，也堆积在过去的年年月月的垃圾上。"

　　这本书讨论经济进步、全球化所带来的废弃物。垃圾，确实好像要占据我们居住的空间，从前的垃圾来自自然又回归自然，但现在的工业垃圾，大多不可消解。我们的星球已经满载。鲍曼多次重复了这句话。

　　鲍曼由垃圾问题，想到很多科学家从全球气候变暖谈到人类末日。人类毁灭，在我看来，是必然，原因很简单：有生必有灭。就像一个个体，出生就意味着死亡，如果你不想死亡，唯一的办法就是不出生。作为一个物种的人类是这样，作为一个星球的地球也是如此。而且，人类毁灭的征候不仅仅是全球气候变暖，还有疾病、病毒，还有水的污染，等等。

还有我们不注意的东西，比如垃圾。前年，我在喜马拉雅山的山脚下，看到了各种垃圾，它们堆在清澈的水流间和草地上，这让我又想起了卡尔维诺那一句有点悲哀的话。从前看荒诞派戏剧，椅子把舞台上的人挤走了，隐喻物挤占了人的空间。现在看来，是垃圾挤占了人类的空间。

不过，最真切的末日征候是核武器。只有人类，才会创造出一种毁灭别人的同时，又毁灭自己，以及自己生存的星球的武器。罗素在20世纪50年代说过，你只要闭上眼睛一想，与我们睡在一起的，是可以毁灭地球几次的原子弹，整个世界的历史就被彻底改变了。

所以，人类的聪明才智所造就的所谓文明，很可能会把自己毁灭掉。由此，我们重读《庄子》，重读佛经，感到佛陀、庄子这些人实在先知先觉，因为他们早就看透了由欲望引发的文明进步所带来的后果。要想避免灭亡，必须保持一种"安静"的状态，只要你的行为一动，乃至你的心念一动，就肯定趋向灭亡。一种不可逆转的趋势。任何事物，任何制度，一旦产生，就会趋向一种必然。

这一点，《红楼梦》里的林黛玉看得很透彻，她不喜欢聚会，原因是有聚肯定有散，既然要散，又何必聚？但是，地球毁灭也罢，人类灭亡也罢，都像我们个体的死亡，不是终结，而是新的开始。即使你不相信轮回，不相信任何宗教，但你还是不能否认人死后变成尘埃，转化成了另一种物质，就像霍金说的："我认为当我们死的时候，我们会回到尘埃。不过在某种意义上我们还继续活着，在我们的影响中，在我们传给了孩子的基因中。我们拥有这一生，得以欣赏宇宙的宏伟设计，为此我极度感恩。"(《十问：霍金沉思录》)

生命本就是一个奇迹，生生不息。地球毁灭，人类灭亡，不过是回到了宇宙的虚空，开始了生命的另一种旅程。生命一直在路上，不值得我们担心。我们唯一要担心的是，在这样一个有生一定有灭的地球世界，我们如何走好这一段路，把自己这一生过好。

Q5. 总是抽不出时间怎么办？

费勇老师：

您好！

我去年开始就觉得自己应该每天去运动，跑步或者健身，但总是抽不出时间，要么被工作困住，要么被家务困住，我该怎么办呢？

答 //

这是一个很普遍的问题,在回答之前,我先讲两个小故事。

第一个故事是这样的:

两个朋友离开城市,结伴去旅行。他们无意中到了一个偏僻的岛上,这个岛像世外桃源那样美丽,其中一个人马上决定不回城市了,就在这个岛上搭了房子,安定下来,每天打打鱼,看看日出日落。

另一个人回到城里,忙着去融资,忙着做方案,想要开发这个岛。他忙了很多很多年,头秃了,身体发胖了,但是,他终于成了成功的开发商,赚了很多钱。然后,他准备退休,就在海边买了幢别墅,开始享受人生。

而他的同伴,一开始就享受了人生。

这也许是寓言式的故事,然而,又好像是真实的人生情景。

第二个故事,来自古希腊。亚历山大大帝听说了一位名叫戴奥真尼斯的隐者,于是,就悄悄去找他。亚历山大在某条河边找到了戴奥真尼斯,发现他光着身子在晒太阳,亚历山大看到了似乎一无所有的戴奥真尼斯，但他很美、很优雅。

于是，亚历山大就问："先生，我能够为你做些什么吗？"

戴奥真尼斯回答："只要站在旁边一点，因为你挡住了我的太阳，如此而已，我不再需要什么了。"

亚历山大又说："如果有来世，我将会要求神把我生成戴奥真尼斯。"

戴奥真尼斯笑着说："不必等到来世，也不必请求神灵，你现在就可以成为戴奥真尼斯。"

他又问亚历山大："我看你一直在调动军队，要去哪里？为了什么呢？"

亚历山大回答："我要去印度，去征服世界。"

"征服了世界之后你要做什么？"戴奥真尼斯问。

"然后，我就会休息。"亚历山大回答。

戴奥真尼斯哈哈大笑："你完全疯了。你看我现在就在休息，而我并没有去征服世界。如果到最后你想要休息和放松，为什么不现在就做？我要告诉你，如果你现在不休息，你就永远无法休息。你将永远无法征服世界，因为总还有一些东西还要被征服……生命很短，时间飞逝，你将会在你的旅程中死掉。"

这两个故事我们可以当作寓言来读，不必太当真。但是，这两个故事触及了我们生活中常见的误区。就是我们在生活中，为了追求更好的生活，常常忘了当下的生活。我们辛苦赚钱，想着等我买了房子就要好好生活，等着孩子考上大学，我就好好享受人生，等来又等去，我们总是在等待里忘掉了生活。然而，人生很短，不够等待。不管什么时候，都应该好好生活。不管什么时候，想做什么，都应赶紧去做。每天坚持锻炼，是一个非常好的习惯，会让身体和心灵都健康，所以，应该赶紧去做。

我以前也很忙，总抽不出时间锻炼，有一天，就是我读到上面第二个故事的那一天，我受到了很大的震动，我记得当时是下午四点，我扔下书，就去慢跑。有人找我开会，我也没有接电话。从那天开始，我一直坚持在每天下午四点左右，或晚上睡觉前慢跑，周六会去爬山。一旦跨出第一步，事情就会变得很容易；一旦跨出去第一步，你会发现，不去开会，天也不会塌下来。但一旦你跨出去第一步，你会发现，那种疲于奔命的状态会渐渐结束，渐渐地，不是你被工作、家务追着赶着跑，而是工作、家务都会跟着你的节奏来进行。

这是一个非常有效的方法，每天设定一个时间，自己一个人去锻炼，这会改变你的生活。当然，情况一定会有变化，比如，遇到下雨天或者不开心的事，很容易为自己找借口，就不锻炼了。但是，一定要坚持，越是在烦恼和忙乱的时候，越要坚持。很多时候，你不需要大道理，也不需要听我的课，只要坚持做你喜欢的某种运动，就会走出烦恼和忙乱。我非常非常希望你能走出第一步。

问 Q6. 好心没有好报怎么办?

费勇老师：

您好！

您经历过类似农夫与蛇的事情吗，您是如何平复自己的心情，让这件事情不过度影响生活的？

答 //

农夫和蛇,是《伊索寓言》里的故事。讲的是一位农夫救了一条蛇,结果反而被蛇咬了一口。这个故事本身讲的是,我们在帮助别人的时候,要弄清楚帮助的是谁,如果是蛇,它的本性就是要咬人,我们就不应该去帮它,或者,你要帮助它的话,应该用合适的方式,能够帮到它,又不至于让自己被咬死。但后来人们运用这个故事的时候,出现了两种很微妙的偏向。一种是变成了不要去帮助坏人。这种观点在某些特殊时刻,当然是有道理的,比如,你看到一个杀人犯或骗子在伤害别人,你反而去帮助他,那是助纣为虐。但是,在日常生活里,对好人或坏人的界定很复杂,当我们遇到了需要帮助的人,我们不可能在帮助他之前先做道德鉴定,确定他是好人以后才去帮助。另一种偏向是强调了好心没有好报——帮助了别人,别人不仅不感激,反而伤害自己。这种事情,我年轻时也遇到过,我明明对这个人很好,帮了他很多,结果在某一个关键时刻,他为了自己的利益,反而诋毁我,甚至构陷我。那个时候,我有没有怨言呢,还是有的。

但是，第一，我很快明白，当时我帮助他，本来就不是求回报，而是为了自己，自己应该这样做，就去做了，没有什么好后悔或埋怨的，他现在这样做，从他自己的角度，也会认为自己做得很对，没有什么可以指责的，所以，我也没有必要去和他讲道理。第二，我当时的处理方法是不回应，也不为自己辩解。第三，这件事虽然让我对人性有了更深刻的了解，尤其对于人性的黑暗面有了更深刻的理解，但从未因此不再帮助别人。我还是按照我自己的信仰和伦理原则为人处世。

耐人寻味的是，这件事情之后，我再也没有遇到过此类事情。同时，我发现自从那一次事情之后，我的回应带来的结果是，周围的人对我变得友善了，这是我完全没有想到的。此后一直到现在，我一直活在一个温和的人际环境里。所以，我的经验说明，如果我们坚持善的信念，最终获益的是我们自己。

坚持善的信念，按照善念去行事，会把我们从人际纠缠的泥潭里解救出来。真的，不要去理会别人，用心走自己的路。如果那个人伤害了你，那么，交给法律去处理；如果那个人的行为只是违背了道义的原则，那么，交给因果去处理。你自己要一直往前走，不要和任何人纠缠。

我想和你分享一段特蕾莎修女说的话共勉："人们不讲道理、思想谬误、自我中心，不管怎么样，总是爱他们；如果你做善事，人们说你自私自利、别有用心，不管怎么样，总是要做善事；如果你成功后，身边是假的朋友和真的敌人，不管怎么样，总是要成功；你所做的善事，明天就被遗忘，不管怎么样，总是要做善事；诚实和坦率使你易受攻击，但不管怎样，总是要诚实与坦率；你耗费数年所建设的可能毁于一旦，不管怎么样，总是要建设；人们确实需要帮助，然而你帮助他们却可能遭到攻击，不管怎样，总是要帮助；将你所拥有的最好的东西献给世界，你可能会被踢掉牙齿，但总是要将你最好的东西献给世界。"

问 Q7. 哪些好的习惯会让我们的生活更好?

费勇老师：

　　您好！

　　我记得老师提到过，修心的过程，其实不过是建立一些好的习惯，然后一直坚持。我自己也知道有些坏习惯会带来负面的影响，但总是改不掉。我想问一下，您有哪些好的生活习惯，又是怎样坚持下来的？

答 //

培养良好的习惯，这确实很重要，但往往被我们忽略。美好的人生，不过是知道自己想要成为什么样的人，然后为了成为这样的人，找到了几个简单的行为，把它们变成每天的习惯。每天都在坚持同一种习惯，但每天都有惊喜和愉悦。这大概就是理想的人生。但养成习惯的往往都是很小的事情，很不起眼，会让人觉得做了也不会怎么样。但事实上，人和人之间之所以不一样，从外在看，就是他们的习惯不一样。

我自己回顾起来，大约养成了五个比较正向的习惯。

第一个是坚持写了近四十年的日记，这相当于每天在为自己做清单，这个给我的帮助特别大。写日记是一种清理，也是一种反思，可以帮助我们，让自己的生活保持在合适的航道上，不会偏航。写日记也有助于坚持好的习惯、戒除坏的习惯。

第二个是在思维方式上保持正向思考的习惯。比如，看待人和事，很少有预先的成见。在人生态度上，永远看到好的一面，所以，很少会颓废，很少感到绝望。

第三个是在人际关系上，我很少想去改变别人，信奉的是惠能的教导，"不见一切人过患，只见自己的不是"。

第四个是锻炼的习惯，这些年来，我锻炼的形式有所改变，比如年轻的时候是跑步，后来改成打坐冥想，但锻炼的习惯一直没有改变，早上起来，第一件事一定是锻炼。这两年，我因为颈椎的问题，一直坚持练习八段锦，每天下午或晚上一定会去走路。

第五个是坚持了几十年的清淡的饮食习惯。

这五个习惯让我的生活状态一直比较平和安稳。我的体会是，每一个细小的习惯刚开始养成的时候，不觉得怎么样，但坚持一段时间，会出现一些令你意想不到的效果，会彻底提升我们的生活。当然，一个坏习惯，也会在不知不觉间毁掉我们的生活。

不过，我也经常会有一些坏习惯，比如，在开车的时候看手机，甚至发微信，这是一个很不好的习惯。最近，我也彻底把这个习惯改掉了。但是，在等候什么的时候，还是会忍不住看手机，这个坏习惯我还在努力改正之中。我这个月的计划是固定在某个时间段内看手机，同时，养成一个习惯：看完想看的信息就把APP关掉，不去浏览别的信息。

我有一个体会，就是当我们想要培养一种好习惯或者戒除一种坏习惯的时候，要回到原点，就是要回到我想成为什么样的人。比如，吃清淡的食物，假如仅仅要去吃素，只是一个生活行为，但假如回到一个起点，我想要成为一个健康的人，为了成为一个健康的人，去吃清淡的饮食，相比于仅仅为了吃素，好像更会让人坚持。习惯和做人结合起来，意义就会不一样。

第六章 人生解惑包

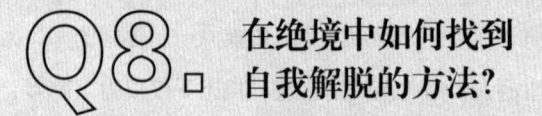

问 Q8. 在绝境中如何找到自我解脱的方法?

费勇老师：

您好！我是一名广告创意人，由于长期熬夜，作息不规律，两年前的一个晚上，我突然发病，患上了植物神经紊乱症，这个病非常痛苦，我去了很多大医院看病，但这种病目前还是医学难题，均无可行的治疗方案。这种病虽然不会立刻夺走我的生命，但会让我幻想不好的事情，时常感到胆小、焦虑和恐惧，每天度日如年，简直就是地狱之旅。我一家四口，有两个女儿，大女儿读大二，学的是美术专业，小女儿才刚刚六岁。问题就在这里，我想撑下去陪小女儿长大，可病情又让我生不如死，常常想要自我了断。听了您的课，很想找到自我解脱的办法，至少在精神上走出病痛的折磨，希望老师给我建议，感激不尽！

答 // ────────────────────────────

非常感谢你对我的信任。但是我非常抱歉，因为我很难给你什么建议。因为我自己还没有经历过这样艰难的时刻，无论我说什么，面对你的状况，我自己觉得都会有点轻飘。对于我来说，也许最好的办法，是为你祈祷。希望你能够度过人生中难以承受的痛苦。而且，我要特别感谢你，向我以及其他人述说你的病痛。这不是一件容易的事，我身边有些朋友或熟人，得了严重的疾病，往往不太愿意告诉别人，或者，或多或少有些抱怨命运的不公——为什么是我呢？为什么要选中我呢？但你用了很坦然的语气，讲述了自己的遭遇，给予我们健康的人一个契机，了解生命的脆弱以及无常，从而更珍惜当下的拥有。所以我说要特别感谢你。

我说不出什么好的建议，但我愿意和你分享一下星云大师得病以后的心路历程，以及对待疾病的方法。另外，我也推荐你去读一读《乔布斯传》，看看乔布斯得了绝症后的应对方式，还有一本书特别值得一看，那就是由美国现代女作家、社会活动家海伦·凯勒所著,鼓励了全世界无数人的《假如给我三天光明》。海伦·凯勒不到两岁时因病失明,直到八十八岁去世,她一直生活在黑暗中,却在黑暗里为自己创造了一个光明的世界,也为无数人点亮了希望的光辉。我把他们的经历总结了一下,有了四点体会。

第一,人的生老病死,是一个自然规律,只要是人,就一定会面对这些痛苦。在这样的痛苦里学会成长,这是人的使命。

第二,我们可以以"觉知"的方法,来观察病痛。把病痛作为一种外来的元素,观察这种元素,观察这种元素带来的痛苦感受。假如每天坚持我们的修心训练,让自己安住于正念,应该会一点点减缓病痛的折磨。在某种意义上,当疾病来了,你只能和它做朋友,而不是简单地抗拒。我们可以尝试把痛只是作为一种感受,去观察它。

第三,就像你自己提到的,亲情是我们生命意义的重要支撑。只要能陪孩子长大,就足以证明生要比死更好。所以,要断绝生不如死的念头。活着,就有希望。生命可贵,我们应该珍惜,即使再痛苦,这个身体还是可以让我们看着亲人成长。更重要的是借助这个身体,我们仍然可以帮助别人,尤其是帮助自己的亲人，去实现他们的梦想。

　　第四，要相信科学，相信医疗技术。今天大多数疾病，现代药物是可以控制的，所以，一方面要调整心态，与疾病做朋友；另一方面，也要积极去正规医院寻找治疗的途径。如果真正能做到与疾病为友，就会发现，疾病虽然在某些方面给我们造成巨大的痛苦，但是也会为我们开启另外的门。比如，失去了光明的人，听觉和感觉会变得特别敏锐。再比如，疾病让我们更能沉下心来面对自己的内心，从而专注在自己想做的事情上。还有，更重要的是，疾病会让我们反思从前的生活，重新建立一套更适合自己的生活方式。

问 Q9. 能力有限,怎么帮助自己的亲人?

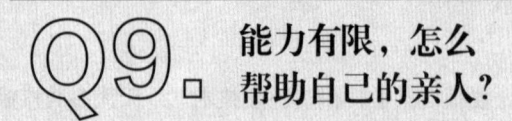

费勇老师:

您好!

最近一个问题一直困扰着我:我是农家子弟,也是家里唯一的大学生,目前我生活在广东,年近五十,生活条件过得去。我有两个弟弟,都没能上大学,现在都人到中年,生活一直很艰难。我能力有限,总觉得有心无力,只能偶尔帮些小忙。我们兄弟感情很好,所以我常常感到内疚,一直不能释怀。请问老师,如何才能走出这种心态?多谢!

答 //

第一，看到自己兄弟姐妹生活遇到困难，一般人都会去帮助，这是人之常情。但有时候，这种困难，不是暂时的，而是长期的，一般人能帮到的只是一些小忙，不能从根本上解决问题，有心无力，就像你提到的，因为能力有限，不能从根本上帮助自己的弟弟，因而感到内疚。这种内疚感，说明了你的内心很善良。它不应该是一种压抑性的情绪，而应该是一种动力。什么动力呢？让自己变得更好，更有温情的动力。因为只有我们自己变得更好，更有温情，才能帮助别人。就像胡适先生说的，你要救国，首先要救你自己。佛教里也倡导"自觉觉他"，也就是自己觉悟了，也要帮助别人觉悟。但如果你自己不觉悟，又怎么能够帮助别人觉悟呢？具体到你说的情况，按照我们世俗社会的常理，你一定是先照顾好你自己的家，才能去照顾好弟弟的家。这也是人之常情。

第二，帮助别人，尤其是帮助自己的弟弟，这是毫无疑义的。别人有困难，我们都应该去帮助，何况是自己的弟弟。但是，我们一定要明白，不论什么人，我们可以帮助他一时，但帮不了他一辈子。根本上，每个人都要靠自己，每个人的生活，都是由他自己的价值观和生活方式决定的。更重要的是，帮助别人，不只是金钱上的帮助。就像六度里的布施，不只是金钱财物的捐助，还有法布施、无畏布施。我们帮助一个生活艰难的人，不是一定要给他钱财才叫帮助。钱财要根据自己的能力，量力而行。除了钱财，还可以帮助他有信仰，有正向的思考方式，有学习的能力，等等，这些大概都是法布施。还有就是以各种形式给他生活的勇气，给他温情，也是一种布施，一种帮助。

第三，我举一个王阳明的例子。王阳明一生信奉儒家的伦理原则，非常重视兄弟之间的相互爱护，在《传习录》中几次讲到舜如何对待自己的弟弟，说明兄长要有宽厚的德行。在现实生活里，王阳明对于自己兄弟的帮助，不完全指向经济，也指向教育。王阳明讲心学，最早就是给他的几个兄弟辈的亲属讲的。他四十四岁的时候，在京城当官，他的三弟去看他，他和弟弟彻夜长谈，谈了如何做人的问题。这次谈话后来被他弟弟记录下来，形成了一篇名为《示弟立志说》的文章。在这篇文章里，王阳明用了很恳切的言辞，告诉自己的弟弟，如何做人，如何面对困难，如何修炼克己的功夫，等等。王阳明一生并不富贵，但他用自己的方式，给予了他的兄弟很宝贵的人生财富。

所以，归纳起来。我个人的看法是，我们帮助生活艰难的人，不是简单地给他钱财,而是帮助他去改变他的艰难现状。所谓"授人以鱼不如授人以渔",送鱼给别人,还不如教会他怎样捕鱼。因为给别人一条鱼,他一餐饭就吃掉了,但给了他工具,教会他捕鱼的方法,他一辈子都有鱼吃。同理,给别人一点钱,他很快就会花掉,但给他勇气和信心,他就能不再畏惧艰难,改变艰难的环境,让自己活得更好。

也许,对你来说,你可以尝试着换一个思路,不只把帮助看作钱财的施与,而是和自己的弟弟一起去面对生活的艰难,一起去思考导致生活艰难的原因,分析一下哪些是可以改变的,哪些是无法改变的,一起去思考并且一起探寻在艰难中也要活出意义和快乐的生活方式。在这种行动中,也许能让你走出内疚的心态,以一种积极的态度,和自己的亲人一起去探寻生活之道。

问 Q10. 放下就是逃避吗?

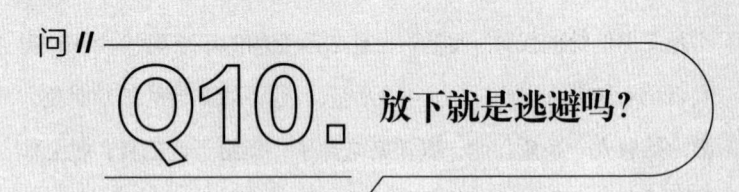

费勇老师:

您好!

面对一些解决不了的困难,这让我感到很焦虑,放下就是逃避吗?或者说坚持就是固执吗?

答 //

这个问题不太好回答,因为不是很具体,比如困难,是什么样的困难呢?每个困难的性质都不太一样,处理的方法也不一样。举个例子,找工作时遇到的困难,和徒步行走时遇到的困难,性质上是不一样的。当然,你有了一个界定,就是"解决不了",但"解决不了",是一个比较主观的界定,很多时候,我们认为解决不了的困难,其实换一种思路和方法是可以解决的。至于放下,肯定不是逃避,也不是放弃,不是放弃手上的东西,而是摆脱这个东西带来的情绪上的干扰,也就是说对于这个东西不执着,随缘,现在拿在手上,就好好拿着,该放下了,就放下。不让这个东西成为压力。这就是放下。坚持和固执,完全是不同的。

有一个故事,也许能给你一些启发。有一个美国人去加拿大的山里面打猎,他用了各种方法,用各种诱饵,想引诱野狼出来,结果,连续三天,狼的影子也没有见到。他非常焦虑,绞尽脑汁想各种办法,但都没有作用。这个时候,有一位老人经过,看到他就和他说:"你这样是打不到狼的,我教你一个方法,一定会让狼出现。""什么方法呢?"美国人问。那位老人回答:"等待。"就是什么也不要做,不要刻意想方设法去引诱野狼,而是安安静静地待在原地,什么都不做,只是等待。结果当天傍晚,野狼就出现了。猎人满载而归。

这是一个真实的故事,很值得我们玩味。这个故事在某种程度上诠释了什么是坚持,什么是放下。理论上而言,不论什么困难,我们都应该坚持去解决,决不放弃,但一定要放下,要以不计较得失的心态坚持去做,目标不变,但达成目标的方法,是可以改变的。有些人的问题在于,目标不断在改变,但方法总是老方法,所以,很难成功。但我们真正应该坚持的是目标,当然是合理的目标,契合你的理想和能力的目标;而不断改变的,是方法。法无定法。

再重复一遍。坚持不等于固执,固执不等于坚持。放下不等于逃避,不等于放弃,逃避不等于放下,放弃也不是放下。我们一定要放下情绪的困扰,坚持不懈地用各种办法去解决困难,实现自己的目标。没有解决不了的困难,即使暂时解决不了,但在我们努力解决的尝试中,总是会不断地得到新的收获。这才是真正的放下和坚持。

和这个问题有点关联的,是遇到逆境,很痛苦的时候,自我安慰是不是自我欺骗。人都会遇到痛苦,痛苦的时候,难免会自我安慰,就是有点阿Q心理。比如,生病了,就安慰自己,相比于那些得绝症的人，我已经很幸运了。这个在我看来，不是什么消极的想法，相反，是一种积极的思考方式。有一个心理学家提出了"自我同情"的概念，这和自我安慰很接近，是面对痛苦时一种积极的心理防御，是一种自我保护机制。越是在痛苦、倒霉的时候，我们越是要像自己最好的朋友一样，友善、接纳和充满爱地对待自己。比如，人难免会犯错，犯错之后当然要忏悔、检讨，但如果过度自我指责，也会陷入很消极的低迷情绪。一定程度的自我开脱、自我同情是必要的，可以让自己有动力去开始新的生活。

另外，把自己的失败经验当作人类普遍经验的一部分，可以帮助我们不被自己的痛苦所孤立和隔离。心理学家发现，经常自我同情的人生活满意度更高，他们会更少地感到焦虑和抑郁，情绪更加稳定。他们的修复能力也更强，看待事物的视角更加乐观，无论是否实现目标，都不容易陷入负面情绪。一项追踪研究还发现，自我同情能够帮助个体在遭遇挫折后更好地适应生活。但是，自我同情，或者说，自我安慰，一定不能和自我欺骗混淆。举个例子，男朋友已经不爱你了，你很痛苦，于是，你扭曲了男朋友不爱你这个事实，自己假设了其实男朋友还是爱你的，甚至虚构了一些他爱你的事实。这叫自我欺骗，只会让你越陷越深，越来越痛苦。

如果你接受了男朋友不爱你的事实，这固然很痛苦，但可以这样安慰自己，人生总是要经历一次失恋的，或者，安慰自己，他以后会后悔的，而我以后会庆幸他离开了我。或者安慰自己，失恋了一个人过更自由。这样的自我安慰是自我同情，并没有什么坏处。

人生确实很痛苦，所以，我们只能不断坚持，不断放下，不断看清真相，但难免，要经常自我安慰，自我陶醉一下，化解人生的痛苦。

问 Q11. 教育孩子有什么好的办法?

费勇老师:

您好!

我的问题是关于孩子的健康和教育的。现在的孩子多受互联网的影响,大多数不太听话,而且越来越叛逆和倾向于自我行事。在这个功利的社会背景下,该如何教育孩子,才能让他们不受社会风气的影响,自主学习?如何让他们保持住自己的初心,认真完成自己的学业?请费老师分析、解惑,谢谢!

答 //

　　关于孩子的教育问题永远是一个难题。我们从孩子的身上，特别能看到人性中那种善恶并存的原始力量有多么强大。你的问题中提到的受互联网影响，导致孩子叛逆，以及不太认真完成学业的情况，确实很普遍，值得讨论。关于叛逆，我自己的体会是要和孩子平等地沟通，居高临下地对孩子说教，好像效果不太好。非常严厉地管制，总是这个不准，那个不准，好像效果也不好；但放任不管，更加糟糕，孩子是没有判断力的，需要引导。以前，我的孩子读初中时，学校已经有早恋现象，这确实让家长很头疼，粗暴地干涉，好像效果不太好。我当时的解决方法，就是和孩子进行平等的沟通，主动和孩子聊起我情窦初开时的事情，她很好奇，不断地追问我，这样我就和她建立了一种关于感情问题的沟通。在沟通中，给了她很多引导，包括告诉她要注意安全之类。一直到现在，她遇到感情上的事，还愿意和我讨论。所以，我觉得家长可能要多站在孩子的角度上去看问题。毕竟，我们自己也是这样长大的。

另外呢，关于认真完成自己的学业，现在很多小孩子喜欢玩游戏之类，怎么办呢？我觉得佛教里的方便法门是可以运用的。佛陀说，只要你愿意走出去，我就满足你的愿望。我有一个朋友，他的儿子很喜欢玩游戏，他就定下了一个规定，完成多少作业，得多少分，就可以赢得多少玩游戏的时间。我觉得这种方法还是可取的。总的来说。我们对于孩子教育要重视，但也没有必要焦虑。中国有一句古话叫"儿孙自有儿孙福"，我们父母尽到自己的责任就可以了。未来怎么样，完全要靠他自己。你着急也没有用。

归纳起来，关于孩子教育，以我自己做父亲的经验，有这么四点体会。

第一，就是不要迷信权威，也不要迷信什么教育模式，每一种模式或方式，都不可能是灵丹妙药。每一个孩子都很独特，只能针对他/她的个性和环境，给予合适的教育。

第二，我总觉得，孩子的教育其实也很简单：有什么样的父母就有什么样的孩子。有时候我的困惑在于：我们作为父母是这么个样子，却要求孩子要那么个样子，这怎么可能？比如，作为父母，自己成天打麻将，却要求孩子时时读书。我甚至在想：与其瞎折腾各种方法教育孩子，不如我们自己先修行成为你想要孩子成为的那种人。

第三，我自己花了很长时间摆脱"望子成龙"的心态，如果说有所期待，只是期待她慢慢找到自己的路。每个孩子都是独一无二的个体，如果有什么教育方法，那就是帮孩子找到他／她独一无二的那一面。最幸福的不是考上了名牌大学，而是在很年轻的时候就找到了自己愿意用一生的时间去做的有趣的事情。

第四，对于孩子，我们也许要教给他／她两种东西，一是规范性的东西，比如讲礼貌等，这些要靠规训；二是选择的能力，让他／她从小学会选择，这个很重要。我的孩子，在她很小的时候，买玩具，甚至买衣服，我都是让她自己选择，然后，会和她讨论她为什么选择这一个，目的是让她明白她有自由选择的意志。这个就好像走路，我们要求孩子有些事情一定要按规矩，没有什么选择，比如遇到交通灯必须按照指引通行，必须排队，等等。但是走什么路，往哪个方向走，用什么工具，要让孩子自己去选择，让他／她自己去问自己：我到底想要什么？觉得自己能够做什么？要让他／她自己去选择、去决定。

在我看来，父母最应该帮助孩子的，是让他／她学会运用自由意志，自己选择自己的生活。不要轻易为孩子做决定，让他／她自己选择，自己承担责任。要让他／她很小的时候就明白，生活的意义在于选择。

Q12. 如何在尴尬中找到平衡？

费勇老师：

　　您好！我今年三十六岁，因为想要物质稳定，所以这些年一直努力工作，导致目前还单身。其实我对婚姻也没多么渴望，小时候父母婚姻不幸，导致我有些恐惧婚姻，自己一直比较被动。但看着别人的父母都抱第二个外孙了，我的父母还什么都没有，我只觉得愧对父母，感到很自责。有时我想差不多找个人结婚算了，但冷静下来觉得还是不能凑合。

　　我一直处在这种矛盾和纠结之中，同时又找不到合适的对象，进入一段恋爱关系，我该如何在这种尴尬中找到平衡呢？（我经常劝自己好好成长，总会遇到那个人。但是看到朋友和家人共享天伦之乐时，这种挠心的焦躁感就会冒出来，我说服不了自己。）

答 // ————————————————

　　我觉得这位朋友你不只是在提问，更是在和我们分享你的人生经历。从提问来说，核心是如何解决单身的问题。你在提问中，一直在分析你单身的原因，但同时，又在分析你不想单身的原因。你首先提到单身的原因是你想要物质稳定，所以一直努力工作。这句话有一点歧义，但我猜测你想说的是，婚姻是需要物质稳定的，所以，你一直在努力工作，想先有了稳定的物质基础再结婚，不想让自己的爱人跟着自己受苦。从理论上说，我很赞同这一点。结婚是过日子，没有一定的物质基础，结婚是两个人一起挨穷。但这里的复杂性是，第一，怎样才算物质稳定？这里面的标准很主观。第二，即便你的物质基础还不稳定，但如果有一个愿意和你一起吃一点苦，一起努力创造更好的生活的人出现，也对你有意，你为什么又要拒绝呢？

　　所以，我觉得造成你单身的原因，并不完全是这个，更多的是你提到的你父母不幸的婚姻给你带来的阴影，因为你父母失败的婚姻，让你对于婚姻有恐惧感，同时，又对婚姻特别谨慎，不想重复父母的悲剧。

接下来,你讲的,是你不想单身的原因。你不想单身的第一个原因是觉得对不起父母。这里面有一个小小的悖论,可能你自己没有意识到——一方面,你父母是你不想结婚的原因;另一方面,又是你想结婚的原因。

不想单身的第二个原因是因为看到别人享受天伦之乐,有家庭有孩子,就会对于自己单身的处境感到焦虑。关于第二个原因,我突然想起《论语》里面的一段记载,孔子有一个学生叫司马牛,有一天他向同班同学子夏感叹:"人皆有兄弟,我独无。"子夏安慰他:"商闻之矣:'死生有命,富贵在天'。君子敬而无失,与人恭而有礼,四海之内,皆兄弟也。君子何患乎无兄弟也?"这段话的意思是:"我听说过:'生死命中注定,富贵由天安排。'君子认真谨慎没有过失,对人恭敬而有礼貌,天下的人都是兄弟呀。君子何必忧愁没有兄弟呢?"

我不知道子夏安慰司马牛的话对你有没有用,但我认为大概没有什么用。因为我从你的表述里大概能够判断,你不是一个能够接受独身生活方式的人,你在本质上还是一个很传统的需要有家庭的人,你内心对于独身有很深的恐惧感。所以,假如要我给你建议的话,首先,在婚姻和独身之间,我觉得你应该放弃纠结,坚定地选择婚姻。其次,你对于婚姻应该有一个清醒的认知,并不是只有你的父母婚姻不幸，几乎所有的婚姻都有婚姻自身的问题。重要的是，父母的不幸的婚姻，不一定会在子女身上重复。我们和父母不过是一种缘分的关系，我们自己的人生，最终由我们自己创造。我觉得你从自己父母的婚姻里，应该更深刻地体会到婚姻的本质，如果要选择婚姻，那么，想清楚哪些问题是可以避免的，哪些问题是无法避免的。最后，不要把爱情的幻想投入婚姻的选择，婚姻的前提当然是爱，但这种爱不一定是激情式的青春的爱。巴尔扎克讲过一句很现实的话：长久的婚姻往往只需要友情就已经足够了。他的潜台词是，激情式的爱情很美好，但往往不长久。婚姻基本是过日子。除了爱，更重要的是，合适还是不合适。

假如你能够摆脱内心的纠结，理清自己内心的真正需要，抛开对于婚姻的幻想，那么，一定能够找到合适的人，一起过世间的小日子。祝你尽快从单身和婚姻之间的焦虑、尴尬中找到平衡。

问 Q13. 该不该忍耐一位总是控制不住情绪的丈夫？

费勇老师：

您好！

我来替好友问个问题：好友的老公隔一段时间就会发一次火，发火时控制不住情绪，会情绪非常激烈地喊上一个多小时。我的好友想躲出去，但对方不允许，我的好友想离婚，对方也不同意。唯一的解决方法就是让我的好友向他道歉，并承认他是对的，还要保证以后爱他。他们两个的日子，平时过得还算平淡，但对方每次发脾气，都像是把我的好友从悬崖上推了下去，针对这一点，不知老师有没有什么建议？

答 ||

就你描述的你朋友的情况,如果是我自己的女儿遇到这种情况,我会让她离婚。因为隔一段时间就发火,而且是情绪非常激烈地喊上一个多小时,这已经不是一般的性格问题,而是很严重的心理问题,很难改变。

一个人,小到生活习惯,大到价值观念,都很难改变。有些人在谈恋爱的时候,因为被爱情冲昏了头脑,可以为对方改变一些饮食习惯,比如明明不爱吃辣也迁就对方吃辣,但结婚后用不了多久,就会不再吃辣,而且会要求对方也不要吃辣。所以,在婚姻关系中,我们不要妄想着改变对方,我们只能考虑,对方这个样子,值不值得自己和他过一辈子。

回到你那个朋友的情况。我的第一个建议,刚才已经说了,从理论上来说应该离婚。如果还没有孩子的话,更加应该迅速离婚。很多年前,我的邻居是一对刚结婚的小夫妻,丈夫很爱发脾气,隔一段时间就会发脾气,妻子很柔弱,虽然几次说要离婚,但不知为什么,一直没有离。后来他们有了孩子,但那个丈夫,仍然是隔一段时间就发火，到孩子三岁的时候，他们终究还是离了婚。

第二个建议是，也许你那位朋友下不了决心离婚，那应该让她丈夫去医院接受心理治疗。因为他们这不是正常的生活，一定要一起想办法改变这种状况。

我想不出更好的建议了。人活着，就是要经历磨难，但我们应该在磨难里成长，而不是在磨难里沉沦。祝你那位朋友早日走出婚姻的困扰，找到自己的平静生活。

问 // Q14. 对于父母的情绪，怎么应对呢？

费勇老师：

您好！

我现年三十岁，最近，我的父母正在处理离婚的相关事宜。我的父母属于中年离婚，我对此感到了一定的焦虑。母亲最近也极度焦躁，我俩偶有冲突。想请教费老师，我该如何恰当地应对母亲的情绪反应？

答 ||

这个问题,聚焦的是子女和父母的关系,这和婚姻中的夫妻关系一样,问题永远存在,而且非常普遍。讲再多的道理,也没有用。在现实生活中一旦遇到,就很难解决,因为这不是处理和陌生人的关系,可以一了百了,父母和子女之间的关系处理起来,比处理夫妻关系还要艰难,因为夫妻还可以离婚,但父母和子女,就是一种天然的血缘关系,伴随一个人的一生。

这些年西方心理学中的原生家庭理论很流行,很多人倾诉自己从小受到的来自父母的伤害,网上甚至出现"父母皆祸害"的说法。很多人把自己的不幸归咎于原生家庭。心理学的这个理论有一定的道理。原生家庭确实是我们认识自己的一个角度。但是,如果过分地夸大原生家庭的影响,言必称原生家庭,就好像把弗洛伊德性压抑理论过分夸大,言必称性压抑,反而会引起更大的危害。

前几天我看到日本导演北野武写的关于他母亲的文章。这篇文章说的是，北野武出生于一个贫困的家庭，父母又不太懂得教育，所以，他在童年时期遭受了很多创伤，他的母亲一直向他要钱，母子之间很少沟通。但直到母亲去世，他才发现，原来母亲把向他要的钱都存了起来。母亲之所以以那么强悍的方式向北野武要钱，是担心他乱花钱，某天会遇到经济困难，所以为他存下一笔钱。北野武这篇文章非常值得一看。一方面，我们会发现，童年创伤是普遍存在的，有些人成才了，有些人堕落了，这个和童年创伤关系并不是很大。另一方面，父母的爱有时候会以怪异的形态表现出来。

所以，我总觉得，我们没有必要夸大原生家庭的影响，谁没有过童年创伤呢？这不过是成长过程中的一段经历。出生在同一个家庭里的孩子，长大后都不一样。所以，不要太迷信原生家庭这种说法，人的成长，根本上还是靠自己。当然，假如我们现在做了父母，应该尽可能不给孩子带来童年创伤，给孩子一个美好的童年。但事实上，无论我们对孩子怎么爱护，都不可能让孩子拥有完美的童年，因为成长的过程，就是不断经历痛苦。所以，如果我们作为子女，那么，对已经发生的童年经历，对自己父母的教育方法，实在没有必要去纠缠。实在没有必要把自己现在的不幸，归因于自己父母失败的教育方法。

那么，如果自己的父母确实存在问题，又无法沟通，怎么办呢？首先，是不争论、不回应，和自己的父母争论完全没有意义，回应父母的情绪也没有什么意义。因为已经不可能改变他们的价值观和生活方式，所以，不妨像一个善意的旁观者那样看着他们就可以了。但问题是，有时候父母非要改变我们，怎么办呢？这个要看改变什么，如果是一些小节的东西，迁就一下父母，也没有什么关系。如果是原则性的，那就没有必要迁就父母。其次，像你说的情况，作为子女，其实也应该尝试引导父母，去过一种积极的生活，比如带他们出去旅行，培养某种兴趣，比如摄影、书法、跳舞等，这虽然是些很小的尝试，但都可能改变父母的心态。最后，如果经济条件允许，那么，和父母分开住是最好的，既可以相互照顾，但又不影响彼此的生活方式。

但不管怎么做，一切都很难完美。我们只能在不完美中学习接受不完美，让自己变得越来越完美。祝你慢慢学会和自己母亲的相处之道，体味到父母子女之间应该有的深刻的爱。

问 Q15. 我该不该辞职?

费勇老师：

您好！

我今年三十八岁，之前的职业是收入还不错的销售。

我每隔三年到五年会换一次工作，希望在不同的环境里得到自我提升。

这些年来，我从文员到采购员再到销售，自认为职业发展是向上的。可如今做了五年销售，看清了很多人性的本质和很多为利而不得不为之的灰色商业手段，我因此感到困惑。

作为一名中年女性，我深知重新求职的成本很大，但我还是辞职了。我不想在我认为的混浊的环境里继续待下去。

可有时我怀疑：这是一种避世的消极做法吗？是我太过追求

完美了吗？更关键的是，我此时却不知该往哪个职业方向走——若再回到原来的圈子，那么离职就是场闹剧；如果跨行业，那挑战太大。目前我的状态比较低迷，提不起精神来寻找新工作，您可以给一些建议吗？

答 II

第一，我觉得你很了不起。不想继续待混浊的环境里，就果断辞职了。很多人做不到这一点。我今天正好在读法国作家蒙田的书，米歇尔·德·蒙田（Michel de Montaigne）也是在三十八岁的时候做了一个重大决定——辞掉已经从事了十三年的法院工作，换一种活法，他自己写了这么一个记录挂在书房里："主后1571年，二月的最后一日，度过第三十八个生日的蒙田，长久以来对于法院和公务深感劳累。此后，他将投向学问女神的怀抱，在免受俗务搅扰的平静中，把消耗过后的残余生命投入其中。若命运允许，他将返归故乡，在惬意的祖先安眠之处，好好地保有自由、平静与安闲。"怎么样保有自由、平静与安闲呢？蒙田说从今以后要为自己而活，要活在当下。其实，中国的陶渊明、美国的梭罗等，都是在人生的某一个阶段突然觉悟，要按照自己的生活方式去生活，然后，真的去实行了。

第二，你的选择肯定不是消极避世，恰恰相反，这是一种非常积极的人生态度。人生很短，没有必要将就，一定要去过自己想要的生活。这是一种最积极的生活态度。所以，不用怀疑自己的决定，这是一个很美好的决定。

第三，关于谋生的问题，因为不是很了解你的具体情况，我没有办法给你具体的建议。原则上，在我看来，今天我们选择职业有几个考量的点。

第一个点是摆脱年龄的困扰。一般情况下，我们总觉得自己已经过了最好的年龄，很难重新开始，但国内外都有很多例子，说明每一个年龄阶段，都能创造属于自己的天地，每一个年龄阶段都是刚刚好，每一个年龄阶段都是最好的年龄阶段，所以不需要有年龄焦虑。

第二个点是尽可能不要用找工作的心态去找工作。如果我们用找工作的心态去找一份工作，就往往受制于行业和公司的发展，行业或公司衰败了，你也跟着陷入困境。所以，尽可能从自己内心真正喜欢的事情去切入，找到自己喜欢的事情，找到符合自己人生观和价值观的工作环境，这会让你在工作中不断成长。

第三个点是今天的社会，已经为个人提供了非常广阔的发展空间，我甚至怀疑传统的上班制度都会慢慢消失，人类总的趋势是个人生活与工作的相互结合，而不是分离。工作应该是自己生活的一部分，而不是异化于生活的一种存在。所以，我们要关注新的事物，去发现新的可能性，不要沿用以前的那种思路。

第四个点是尽可能做过去已经有积累的事情。但这不等于不能跨行业，像你提到的，你一直在做销售，销售本并不是一个行业，而是一种在每一个行业都会存在的岗位。如果你以前在某一个行业做销售，现在换一个行业，也许还能跨界产生新的火花。我有一个朋友原来在某一个快销品公司做销售，后来他感到很厌倦，休息了半年之后，去了一个幼儿教育机构做销售，他喜欢幼儿教育，所以，做的时候感觉比原来要开心，而原来的资源在新的行业里也可以转化。

第五个点是人生难免低迷，难免困惑。这个时候我的建议是，不妨去短途或长途旅行一次，在旅行中可以慢慢想清楚一些事。人生就像旅行，每一个人一定会到达自己的目的地，需要的是耐心和毅力，祝你早日走出低迷，开始新的属于自己的生活。

问 Q16. 到底要怎样改变自己?

费勇老师：

您好！

我今年三十六岁，最近几年来工作不顺。我自觉能力不差，做的工作也越来越好，但总是做不长久，因为原生家庭破碎，成长经历坎坷，我的忍耐力和经营人际关系的能力都较差，我不知道该怎么改变自己。

这些年来，我经历过很多地方，但从来没有形成过稳定、长久的人际关系，连和仅有的几位有血缘关系的亲人都相处得像仇人一般，已经很久不再联络。我有老公和孩子，但是他们都像我人生中的负累，什么都要靠我，常常让我觉得很崩溃。我到底该怎样改变自己，重新开始呢？

答 //

第一，我觉得你很了不起。你在前面讲了自己遭遇的种种坎坷，但是最后，你没有去责怪别人，而是问：我到底该怎样改变自己，重新开始？如果你的提问停留在倾诉自己的不幸，而且把这种不幸完全归咎于别人，并指望别人有所改变从而让自己的处境得以改善，那么，我可能不会回答你的问题，因为回答了也没有什么用。但你问的是"我到底该怎样改变自己"，所以，我愿意和你一起探讨一下，因为在我看来，只要我们意识到通过改变自己来改变处境，并且愿意找到方法去改变自己，那么，人生就有希望，就有可能在探索中找到正确的路径。如果完全没有改变自己的意识，那么，再讨论也没有什么用，只能自己等待机缘慢慢明白需要改变什么。

第二，总的来说，你问的问题是，遇到了逆境，我们应该怎么办。比如，你的第一个逆境是，原生家庭破碎，导致自己不善于经营人际关系，工作上也不顺利；第二个逆境是，丈夫和孩子好像也不理想，成了自己的负累。那么，如何面对逆境呢？第一种方法是，假定这个逆境改变不了，只能接受。有这样一个故事，讲一个铁匠，他的生活非常艰苦，每天辛苦打铁养家糊口，但生活还是没有什么改变。后来他碰到一位出家人，对他说，你以后打铁的时候一心念"南无阿弥陀佛"。于是，这个铁匠在打铁的时候，不再抱怨，也不再自我可怜，而是一心念"南无阿弥陀佛"，结果，他的心情越来越好，整个状态都改变了。

第二种方法是日本导演北野武在一部电视剧中扮演的一个角色所说的，这个角色对一个抱怨自己命运不好的人说了一番话："但你给我记好了，现实就是答案，就算抱怨生不逢时，社会不公，也不会有任何改变，现实就是现实，要理解现状并且分析，在那其中一定会有导致现状的原因，对于原因有了充分认识之后再据此付诸行动就好。连现状都不懂得判断的人，在我看来就是白痴。"这段话有三层意思，一个是要接受现实，一个是分析原因，一个是采取行动。

所以，第三，我们可以按照北野武的意思，做一个分析。第一当然是接受现实。目前已经形成的现实是一个既成事实，必须接受。你出生在一个破碎的家庭，这是一个不可改变的现实。第二是分析原因。我认为你的问题也许出在分析原因上，我发现在你的描述里，几乎不假思索地就把自己的人际关系问题归因于不幸的原生家庭。关于原生家庭的概念，在西方大概是从弗洛伊德开始，弗洛伊德发现我们的童年创伤会影响我们后来的成长。后来有一段时间，西方的心理治疗，大量地运用童年创伤和原生家庭这个概念。

但最近二十年来，西方主流的心理学越来越认为，原生家庭的作用被夸大了。有一些书专门讨论这个问题，你可以拿来读一读。我不是心理学家，我只是从常识上简单地推理，假如我们把人际关系上的失败，归因于自己的原生家庭，那么，我们的人际关系永远不可能变好，因为原生家庭是无法改变的。事实上，我们只要观察一下周围的人就能发现，很多人，甚至即使是双胞胎，他们成长过程里，人际关系也不一样。

人际关系取决于我们自己的行为，不是取决于父母。你的情况我不是很了解，不敢贸然分析造成你人际关系以及其他困境的原因，但我自己的例子，可以给你参考。我大学刚毕业的时候，在人际关系上也比较紧张。如果我相信所谓的原生家庭决定论，那么，很容易和你一样，将这一切归因于我自己小时候没有和父母生活在一起，那么很可能一直到今天，我还是处在糟糕的人际关系里。但那个时候，我仔细思考了原因，发现症结在于我上大学太早，有点少年得志，总觉得周围的人很平庸，用一种傲慢心看待别人。这才是真正的原因。从那时候开始，我学习着以平等心和慈悲心去和这个世界相处。同时，把关于说话的戒律，比如不议论别人、不说别人的是非，作为一种基本的原则贯穿在日常生活里。一年之后，我发现自己和周围人的相处变得平和、融洽。一直到现在，将近三十年了，好像再也没有遇到人际关系的问题，甚至有几次，我遇到了很难处理的人际关系危机，但奇怪的是，这些都好像自动化解了。这些都是我自己的切身体会，我的童年时代是跟着祖母长大的，我在1980年就读过弗洛伊德，但我从不相信原生家庭这种说法，所以，所谓的原生家庭问题也就从未困扰过我。

第三步也就是采取行动。如果找到了产生问题的原因，那么，就应该采取行动改变这个原因。

简单归纳一下。当我们处于逆境的时候，第一是接受现实，不要怨天尤人，因为这没有用；第二是找到真正的原因，如果找到的真正原因是可以改变的，就像我年轻时遇到的人际关系的问题，我找到的原因是可以改变的，所以，我马上就付诸行动，发自内心地尊重每一个人，不再议论别人……当这些行为积累到一定时候，逆境就会改变。如果找到的原因是不可改变的，那么，只能像那个铁匠那样，一心念佛。所以，找对原因是最重要的，但我们很多时候，都找错了原因，比如，我们把原生家庭或者星座，当成了我们不去改变的借口。我常常听到别人说，我之所以这样，是因为小时候父母对我不好；我之所以这样，是因为我是金牛座……如果这样的话，那我们就永远无法找到解决问题的根本原因，也无法改变自身现状了。

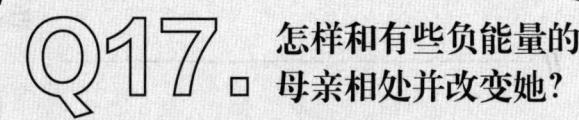

Q17. 怎样和有些负能量的母亲相处并改变她？

费勇老师：

您好！我是一名二十二岁的大学生，目前正在放暑假。这几天我和妈妈吵架了。我知道妈妈是很爱我的，但是她又特别喜欢骂我，我有时感到很烦躁，就会和她吵架。妈妈和爸爸的感情不和，经常吵架。今天，因为一点小事，我当着妈妈的面故意对我十二岁的侄子发脾气，妈妈看到后就动手阻止我，骂我。

事后，我很后悔，因为乖巧的侄子没有做错任何事，但我有时就是会控制不住对他发脾气，事后又很内疚，觉得这样伤害了他，会给他造成阴影。所以我想问费老师，怎样和有些负能量的母亲相处并改变她？怎样控制自己的脾气，不乱发脾气，特别是对比自己弱小的人？希望费老师能帮我解答，谢谢费老师！

答 //

你提的问题很有意思。人都有脾气，有脾气就难免吵架，一吵架就特别容易针对亲近的人。我们对于陌生人或不相干的人，往往很礼貌、很客气，但对于自己亲近的人，反而会苛求，会发脾气。你的提问里有两个层面的事情。第一件事，是你和你母亲的关系，你知道你母亲很爱你，但她喜欢骂你，所以，你就忍不住和她吵架，同时你提到你父母也经常吵架；第二件事，是因为对父母不满，所以故意对自己十二岁的侄子发脾气。这两件事情的核心，好像都是忍不住要发脾气，但忍不住要发脾气的背后，是因为和父母的关系存在问题。其实，发脾气对我们的生活非常有害。当然，情绪不能压抑，需要正常的宣泄，但通过发脾气来宣泄，很危险，因为发脾气针对的是别人。

我认为，我们站在子女的立场上，不要寄望于父母会有什么改变。但父母借着为你好的理由，来过分控制自己，也确实挺让人烦恼。这要怎么办呢？前几天遇到一个大学生，和我聊到他的父母，他和父母的关系也存在一些问题，他说自己非常痛苦，曾经想过自杀，但后来，他慢慢学会了如何和父母相处，就是仅仅保留亲情，其他的关于工作、个人感情问题、国内国际政治，一律不谈，父母说什么，都点头说是。然后，他一心努力学习，兼职赚钱，让自己尽快考上国外的研究生，从而可以离开父母，独立生活。他说，他越来越明白，自己不可能改变父母的想法和活法，也不可能改变和他们的血缘关系，那么，就保留这一点血缘上的亲情，各自生活在各自的世界，各自欢喜，这样也挺好的。我不知道这个大学生的做法对你有没有参考，但我觉得，至少这个大学生把父母对他造成的困扰和伤害，转化成了一种让自己尽快成长，变得独立强大的动力，他不再把心思放在父母身上，而是放在自己的成长上。

前几天，我遇到一个三十多岁的朋友。她说由于在童年时代和少年时代父母经常吵架，对她的伤害很深，考大学时，她毫不犹豫地报考了很远的大学，毕业以后也去了离家很远的地方工作。有许多年她几乎不和自己的父母说话。但现在她长大了，这几年，她突然发现曾经经常吵架的父母，居然变得很恩爱，而自己和他们的关系，在岁月里也变得柔和起来。之后，随着她自己恋爱、结婚、生子，好像也能理解当年父母遇到的问题。

做父母，做子女，都不容易，但不论怎么样，我们和父母之间是一种缘分，一方面我们要珍惜，另一方面要放下。

Q18. 我不知道自己该不该坚持

费勇老师：

　　您好！

　　还有十几天我就要参加博士考试了，但我觉得好累，这逼得自己难受，但毕竟准备了这么久，放弃又不甘心。可是我最近的状态，以及自己心底的声音都在告诉我，我不想再搞研究了。我不知道自己该不该去坚持，其实读博士只是我的一个执念，我内心对此并没有那么热爱。请问费老师我应该怎么抉择？感谢您！

答 //

你自己心底的声音是不想再搞研究了，也知道读博士只是自己的一个执念。其实，你已经有答案了。你需要的不是我帮你选择，因为你已经有选择了，你需要的只是跨出去的勇气。因为不知道你的具体情况，不知道你为什么会有读博士这样的执念，这样的执念会让你觉得你必须去读博士，如果不读博士，你会很无措，但即便不读博士，其实还有无数的选择。只是你的环境，以及你受到的各种影响，让你很害怕，觉得不读博士会有很严重的后果。

如果你的内心对读博士这件事并不热爱，那么，应该毫不犹豫地选择放弃。

问 Q19. 朋友和我的三观越来越远，怎么办？

费勇老师：

您好！我有两个关系很好的闺密，以下我用A和B来分别称呼她们。我们之间的友情从学生时代开始，到现在已经维持十多年了。最近，A和B一起做副业，之后因为利益问题，A过河拆桥，损害了B的利益，但是B没有计较，只是偷偷哭了几次就原谅了A。经过这件事情，我发现现在很多人都在以"爱自己"作为口号，做着一些自私自利或者损人利己的事情。这件事让我对人性感到悲凉。对于A的思想和性格，我不是很认可，我感觉她太唯利是图，但是我们一起经历了很多事情，感情深厚。请费老师帮我分析下，我该如何继续和她相处？我要怎样改变自己，才能从这种矛盾的关系中解脱出来呢？

答 //

关于这个问题,我觉得孔子和朋友的相处之道,也许会对你有所启发。孔子和朋友的相处之道,主要有两点。一个是谈交友的原则:"益者三友,损者三友。友直,友谅,友多闻,益矣。友便辟,友善柔,友便佞,损矣。"(《论语·季氏》)这句话的意思是,有益和有害的朋友各有三种,结交正直、诚信、知识广博的朋友,是有益的;结交谄媚逢迎的人,结交表面奉承背后诽谤、善于花言巧语的人,是有害的。君子之交淡如水。再好的朋友之间,都要有边界感,不要把自己的价值观强加给别人。即使彼此三观不一样,还是会有友情。但不一定要一起去做生意。看到朋友有不对的地方,善意地劝告一下,如果他不听也就算了,不要自取其辱。看到朋友的行为不符合自己的价值观,如果不是原则性的大问题,要宽容。有一个故事可以帮助你理解这一点。孔子一位老朋友的母亲去世了,孔子和学生去参加葬礼,他的老朋友却在棺材旁唱歌,孔子的学生说:"老师,这个人太无礼了,不应该和他做朋友。"孔子的回答是:"他是我的老朋友,就算他一时无礼，我还是把他当老朋友。"

另一个原则，君子交绝，不出恶声。人与人之间，有缘很不容易，我们一生遇到的人没有多少，能够有交集的更加少，能够做成同学或朋友的，少之又少。所以，我们对于朋友没有必要苛求，即便觉得彼此合不来了，也可以好聚好散，毕竟曾经有一份友情，彼此见证过对方成长的岁月，所以，还是要有一颗珍惜的心。

这是孔子和朋友的相处之道。也许会对你有所启发。你并不需要改变自己，也没有必要非要去改变自己的朋友，但也许要从"朋友"的执念中解脱出来。什么是"朋友"的执念呢？就是心里存在一个执念，觉得他是我的朋友就应该怎么样，我是他的朋友就应该怎么样。这种执念会把自己弄得比较痛苦。假如彼此的三观越来越远，但感情还很深厚，那么，就做君子之交淡如水的那种朋友，避免一起去做会引起三观冲突的事情。

最后，我送一句庄子的话给你：相濡以沫，不如相忘于江湖。

问 Q20. 如何面对亲人的绝症？

费勇老师：

您好！

我的伯父今日确诊患上癌症，目前癌细胞已经转移到肝和淋巴结，在化疗和不化疗这个问题上，我们一家人很纠结。伯父暂时还不知道他的病情，精神依旧很好。现在做化疗的话，他虽然暂时不知道自己的病情，但总有一天他会知道。我很担心他知道实情之后心理上无法承受，而且化疗会对身体造成一定的影响。我现在心里很难过，很怕伯父会离开我们。您觉得我该告诉伯父实情，选择做化疗吗？

答 //

关于亲人患了绝症,该不该告诉他实情,该不该做化疗,这几个问题都不是我能回答的。记得我小时候,普遍的做法是不告诉患者,但后来医院普遍的做法是告诉患者本人,因为一旦开始治疗,很难隐瞒。所以,最终必须自己面对事实。在中国的传统文化中,谈论死亡是一种禁忌,所以,我们常常探讨如何活,很少思考如何死。事实上,我们要想活得更健康、更有意义,也应该去修习死亡这门课。

我特别愿意和你讨论如何帮助自己的亲人或朋友面对死亡,甚至如何帮助其他人面对死亡这个问题。2015年,经济学人集团(The Economist Group)旗下的商业分析机构——经济学人智库(EIU)在对全球80个国家和地区进行"死亡质量"指数调查后,发布了《2015年度死亡质量指数》报告。"死亡质量"指数的测算,涵盖了五个维度的评价,分别是姑息治疗与医疗环境、人力资源、医疗护理的可负担程度、护理质量,以及公众参与水平。

那么，如何提高死亡质量呢？这要依靠临终关怀。这些年，临终关怀（hospice care）这个词在中国受到越来越多的人认可，这并不是一种治愈疗法，而是专注于让患者善终，也就是尽可能帮助患者在去世前减轻疼痛，尽可能不要过度地进行医疗干预，从而让病人自然而然地、有尊严地离去。

1967年，英国护士桑德斯创办了世界著名的临终关怀机构——ST.Christopher's Hospice，使垂危病人在人生旅途的最后一程得到需要的满足和舒适的照顾，这个行动"点燃了临终关怀运动的灯塔"。20世纪70年代后期，临终关怀被传入美国，80年代后期被引入中国。

临终关怀的意义，在我看来是指向身心层面的，也就是在身心层面尽可能减少当事人的痛苦，尽可能舒缓当事人对于死亡的恐惧和焦虑。这个主要是针对过度治疗，不可逆转的绝症，为了延缓几个月甚至几天的生命，就动用医疗手段，却让病人痛苦不堪。当然，临终关怀和安乐死完全不同，临终关怀只是排除过度治疗，还有就是多陪伴病人，帮助病人去完成遗愿清单。这个是身心层面的。

参考书目

1. 史蒂芬·平克：《心智探奇》（郝耀伟 译，浙江人民出版社，2016年）

2. M.斯科特·派克：《少有人走的路：心智成熟的旅程》（于海生、严冬冬 译，北京联合出版公司，2022年）

3. 尤瓦尔·赫拉利：《今日简史》（林俊宏 译，中信出版集团，2018年）

4. 朱迪亚·珀尔 / 达纳·麦肯齐：《为什么：关于因果关系的新科学》（江生、于华 译，中信出版集团，2019年）

5. 路易斯·波伊曼 / 詹姆斯·菲泽：《给善恶一个答案：身边的伦理学》（王江伟 译，中信出版集团，2017年）

6. 凯文·凯利：《5000天后的世界》（潘小多 译，中信出版集团，2023年）

7. 尼尔·布朗 / 斯图尔特·基利：《学会提问》（许蔚翰、吴礼敬 译，机械工业出版社，2022年）

8. 丹尼尔·丹尼特：《意识的解释》（苏德超、李涤非 译，中信出版集团，2022年）

9. 贡华南：《味觉思想》（生活·读书·新知三联书店，2018年）

10. 瑞·达利欧：《原则》（刘波、綦相 译，中信出版集团，2019年）

11. 霍金：《十问：霍金沉思录》（吴忠超 译，湖南科学技术出版社，

2019年）

12. 爱德华·L.德西 / 里查德·弗拉斯特：《内在动机》（王正林 译，机械工业出版社，2021年）

13. 芭芭拉·奥克利在：《学习之道》（教育无边界字幕组 译，机械工业出版社，2016年）

14. 罗伯特·所罗门 / 凯思林·希金斯：《大问题：简明哲学导论》（张卜天译，广西师范大学出版社，2015年）

15. 埃里克·乔根森：《纳瓦尔宝典》（赵灿 译，中信出版集团，2022年）

16. 罗素：《幸福之路》（刘勃译，华夏出版社，2022年）

17. 艾里希·弗罗姆：《爱的艺术》（刘福堂 译，上海译文出版社，2022年）

18. 维克多·E.弗兰克尔：《活出生命的意义》（吕娜 译，华夏出版社，2021年）

跋　用心生活

这本书围绕五个板块，探讨了哪些是人生的关键问题。

人的一生，每时每刻，无非在做两件事：一是想，我们的头脑总是想着什么；二是做，我们的身体，总是在做着什么。由此引申出人生的四个基本问题：想什么，怎么想，做什么，怎么做。这四个问题彼此关联，造就了我们的一生。

人的一生，每时每刻，总是在五个领域里。第一个是现实领域，这个领域里的一切，是我们所能看得见的——学习、工作、婚姻、财富、时代、善恶、死亡。第二个是愿望领域，这里的一切是看不见的，我们渴望快乐，渴望自由，渴望成功，渴望爱。这些东西虽然看不见，但它们都很强大，在现实的幕后。第三个是思维领域，这里的一切我们都看不见，但它们更加强大——因果、事实、解决、取舍、"破圈",这些因素决定着我们如何进行决策。第四个是心理领域,这个领域里的东西我们都看不见,但它们更加深刻、更加强大——感觉、欲望、目标、情绪、意义、天理。我们在现实世界里的一切个人活动,都可以说是心理的投射。第五个是动力领域,这个领域中有看得见的,也有看不见的,它们更加深邃,更加具有决定性的强大力量——视觉、听觉、嗅觉、味觉、触觉、意识、自我、超觉,整个宇宙和世界的一切,都是这个动力系统的投射。

这五个系统相互联系,有某种递进的关系和因果关系。但并不绝对,区分为五个领域,也可以理解为五个切入点,从每一个切入点,都可以领悟人生的全部。但人生的全部,归根结底,还是要体现在日常生活里。还是要面对生活,回到生活,用心生活。理论是枯燥的,但,生活之树常青。

阿城在小说《孩子王》里写过这样一句话:"学了很多字却不知生活是什么?什么是生活呢?就是活着,活着就得吃,就得喝,所以,这个'活'字,左边是三点水,右边是个舌头。"生活就是活着,就是吃喝,就是平常心,就是用心生活。

奥斯卡·王尔德(Oscar Wilde)说:"生活是世界上最罕

见的事,大多数人只是生存而已。"他的意思是大多数人没有活出自己的样子,所以,他们过的不叫生活。真正的生活,是经过了自己选择的生活,就像赫尔曼·黑塞(Hermann Hesse)说的:"对每个人而言,真正的职责只有一个:找到自我。"也就是说,在选择中找到通向自己的道路,这样才算真正活过。

但问题在于,无论多么高大的、真正的自我,都不是悬空的。我们每天面对的,都是吃饭睡觉、养家糊口这些很现实的事情。所以,真正的自我,之所以具有力量,是因为它是以日常的形式体现出来的。它是阳台上你种的一朵花;是厨房里你设计的一道菜谱;是户外徒步时你走路的姿态;是街道上和陌生人相遇时你的表情;是办公室里处理文件时你的心如止水;是朋友聚会时你的喜悦,是告别时你的感伤;是你在瓶子里放进了一张发黄的纸片;是读书时的你写的读书笔记……也就是说,我们在找到通向自己的道路上创造了自己的日常,这样才算真正活过。

生活就是选择,就是在选择中找到通向自己的道路,在通向自己的道路中创造自己的日常。所以,生活即选择,生活即找到自我,生活即日常,生活即审美。简单地说,生活就是我来到了这个世界,就以自己的方式用心完成这一段旅程。但这一段旅程的每一天,都离不开吃吃喝喝,离不开琐琐碎碎,离不开磕磕碰碰。好像回到了一个原点,生活不过就是活着,不过就是吃吃喝喝,不过就是琐琐碎碎,不过就是磕磕碰碰。

世事无常,唯有用心做事。
前路茫茫,唯有用心走路。
人生短暂,唯有用心生活。